RITA GALCHUS

# SPROSSEN AT HOME

*Homegrown Sprouts. A Fresh, Healthy, and Delicious Step-By-Step-Guide to Sprouting Year Round*, erschienen bei *Quarry Books*, Beverly, Massachusetts/USA

Translation Rights arranged with *Quarry Books*, Beverly, Massachusetts/USA



Lektorat: Ute Orth
Korrektorat: Ulrike Oberländer
Satz: Rosi Weiß
Umschlaggestaltung: Kurt Liebig

Design: Burge Agency
Fotos: Thea Coughlin Photography
Autorenfoto: Paul Galchus
Printed in China

Hans-Nietsch-Verlag
Am Himmelreich 7
79312 Emmendingen

www.nietsch.de
info@nietsch.de

ISBN 978-3-86264-248-9

RITA GALCHUS
- AUCH BEKANNT ALS SPROSSENLADY RITA *(SPROUT LADY RITA)* -

# SPROSSEN AT HOME

DAS GANZE JAHR ZU HAUSE SPROSSEN, KEIMPFLANZEN, GRÄSER, MINI-BLATTGEMÜSE SOWIE GRÜNKRAUT ERNTEN UND GENIESSEN

AUS DEM AMERIKANISCHEN VON ELISABETH LIEBL

MIT SCHRITT-FÜR-SCHRITT-ANLEITUNGEN: WIE SIE SCHNELL UND SICHER SPROSSEN VON BOHNEN, GETREIDE, GEMÜSE, KRESSE U.V.M. ZIEHEN

HANS-NIETSCH-VERLAG

# INHALT

# VORWORT

Im April 1986 nahm mich mein damaliger Freund und jetziger Ehemann mit einer zu kostenlosen Einführung in das Sprossenziehen, die in einem New Yorker Apartment stattfand. Seit diesem Tag ziehe ich meine eigenen Sprossen und Keime, und noch heute liegt mir der Geschmack dieser selbst gezogenen Sprossen auf der Zunge: ihr natürliches, frisches Aroma und ihr knackiger Biss.

Bei jener Einführung wurde uns gezeigt, wie einfach es ist, Sprossen selbst zu ziehen: die Samen einweichen, die Samen wässern und die Sprossen essen. Ich wusste sofort, dass sogar jemand wie ich das hinbekommen würde! Also kaufte sich jeder von uns die erforderliche Grundausstattung und wir machten uns daran, das soeben Gelernte in die Tat umzusetzen. Ich fand schnell Gefallen an der Sache. Offenbar hatte ich einen grünen Daumen für diese Samen und wurde bald zu einer erfolgreichen Sprossengärtnerin, denn obwohl meine Zimmerpflanzen mehr schlecht als recht vor sich hin kümmerten, gediehen meine Sprossen prächtig.

Die Jahre zogen ins Land, mein Freund und ich heirateten und wir bekamen einen Sohn. Im Juni 2000 las ich dann eine Anzeige in der Zeitung. Die Leute, die bisher die kostenlosen Sprossenkurse angeboten hatten, wollten ihren Laden verkaufen. So wurde ich am 1. Oktober des Jahres 2000 ganz offiziell zur *Sprout Lady Rita.*

Zu dieser Zeit beschränkte sich mein gesamtes Wissen aber darauf, wie man in einer kleinen Keimschale aus Alfalfa und Mungbohnen Sprossen zieht. Doch weil ich den Ehrgeiz hatte, als Sprossengärtnerin etwas zu erreichen, experimentierte ich mit den Saaten, die das Sortiment des Ladens hergab. Und ich las alles, was ich an einschlägiger Literatur dazu finden konnte. So lernte ich allmählich – Samenkörnchen um Samenkörnchen, Sprosse um Sprosse –, welche Keimmethode sich am besten für welche Samenart eignet. Natürlich musste ich dabei wie jeder Forscher Rückschläge hinnehmen, denn manchmal zog ich nur imposante Schimmelnester heran, in denen ich nicht einmal ansatzweise sprossenähnliche Gewächse entdecken konnte. Dennoch unentwegt weiterforschend fand ich schließlich die einfachsten und zuverlässigsten Methoden, um prächtige Sprossen zu ziehen.

Viele kommen zur Sprossengärtnerei, indem sie eine bestimmte Technik erlernen, bei der sie in einem bestimmten Typ von Keimgerät aus ein oder zwei Samenarten Sprossen ziehen. Ich habe dieses Buch geschrieben, weil ich Ihnen zeigen möchte, dass es nicht nur eine Methode und auch nicht nur Alfalfa und Mungbohnen gibt, um sich mit frischen Sprossen und Keimlingen zu versorgen. Selbst Sprossen zu ziehen kann zu einer spannenden Reise in eine Welt vielfältiger aromatischer Eindrücke und unterschiedlichster pflanzlicher Beschaffenheit werden. Zudem sehen Sprossen einfach wundervoll aus und schmeicheln unserer Nase mit einem einmaligen Geruch. Und obendrein bereichern Sprossen und Keimlinge mit ihrem geballten Nährwert einfach jede Mahlzeit.

Menschen jeden Alters und jeglicher Couleur finden am Sprossengärtnern Gefallen und ebenso vielfältig sind auch die Gründe, aus denen sie ihre eigenen Sprossen ziehen. Die meisten beginnen jedoch damit, weil sie sich gesünder ernähren wollen. Sprossen lassen sich mit jeder erdenklichen Ernährungsform kombinieren und ihr Verzehr verletzt zudem keinerlei religiöse oder politische Gebote.

Es kostet Sie weder viel Zeit noch Mühe, um diese kleinen Samenkörnchen zum Keimen zu ermuntern. Wir haben das Zeug dazu, diese netten kleinen Kerlchen anstelle von Mutter Natur zu versorgen, sodass sie zu prächtigen Sprossen heranwachsen. Das richtige Quantum an Feuchtigkeit, die richtige Temperatur und, falls erforderlich, ausreichend Licht, das ist alles, was sie für ihre Entwicklung brauchen.

Als mein Sohn noch klein war, sagte er mir, als er gerade Fenchelsprossen gegessen hatte: „Mama, genauso schmeckt der Frühling." Könnte man jeder Jahreszeit ein bestimmtes Aroma zuordnen, würde auch ich für den Frühling den Geschmack frischer Sprossen auswählen. Und damit möchte ich Sie jetzt einladen, mit mir auf Entdeckungsreise zu gehen.

Ihre
*Sprout Lady Rita*

## KAPITEL 1

# VOM NUTZEN DES SPROSSEN-ZIEHENS

BRUNNENKRESSE UND MUNGBOHNENSPROSSEN KENNT WOHL JEDER. IN RESTAURANTS WERDEN SALATE GERN MIT ALFALFA GARNIERT UND AUCH AN DER SALATBAR FINDET MAN DIESE SPROSSEN HÄUFIG. OHNE DIE KOMPAKTEN, FLEISCHIGEN SPROSSEN DER GEKEIMTEN MUNGBOHNE WÄRE DIE CHINESISCHE KÜCHE WOHL UNDENKBAR. DOCH ES GIBT NOCH VIELE ANDERE KEIMFÄHIGE SAMEN. SPROSSEN KÖNNEN AUF VIELFÄLTIGE WEISE ZUBEREITET WERDEN. MACHEN SIE DIESE KLEINEN SCHMACKHAFTEN PFLÄNZCHEN DOCH ZU EINEM FESTEN BESTANDTEIL IHRER HEIMISCHEN KÜCHE.

# WARUM KEIMEN?

**Was ist dran am Sprossenziehen? Welche Vorteile bietet Ihnen die Sprossengärtnerei? Ich möchte Ihnen hier ein paar der bekanntesten Vorzüge nennen.**

## SELBST GEZOGEN SCHMECKT BESSER

Selbst gezogene Sprossen schmecken einfach besser als gekaufte, weil sie frisch sind. Sie haben keine langen Transportwege hinter sich, sondern sind mitten in Ihrer eigenen Küche gewachsen. Noch lokaler kann ein Lebensmittel gar nicht produziert werden – und die Produktion ist obendrein noch ganz einfach. Gekaufte Sprossen hingegen müssen während des Transports in einer kleinen Plastikverpackung groß werden und dann im Tiefkühlregal auf ihren Käufer warten, während die Sprösslinge in Ihrer Küche liebevoll gehegt und gepflegt werden.

## SPROSSEN SIND GESUND

Der Begriff „Diät" kommt aus dem Griechischen und meint letztlich unsere Lebensweise, also auch das, was wir essen. Der Verzehr von Sprossen bereichert jede Ernährungsform. Man muss weder Vegetarier, Veganer oder Rohköstler sein, um Sprossen zu genießen. Sie können als Beilage zu jedem Gericht – ob roh oder gekocht, ob fleischlos oder nicht – gereicht werden. Versuchen Sie zu Steak, Huhn oder Fisch einmal einen frischen, biologisch gezogenen Sprossensalat.

Sprossen bereichern jede Mahlzeit, auch zum Frühstück oder als Imbiss sind sie eine ideale Ergänzung. Und es ist nicht einmal schwierig, Sprossen in den täglichen Speiseplan zu integrieren. Diese Entscheidung kann sogar Ihr Leben verändern: Ihr Risiko, chronische Krankheiten zu bekommen, verringert sich bei regelmäßigem Verzehr von Sprossen. Und Sie dürfen sich über eine durch und durch gesunde Verdauung freuen.

Sprossen sind eine wunderbare Möglichkeit, den Gemüseanteil Ihrer Ernährung zu erhöhen. Sie enthalten viele Ballaststoffe, Wasser, Vitamine und Mineralstoffe. Besonders Sprossen aus Samen von Alfalfa, Rotklee, Sonnenblume, Buchweizen oder Erbsen haben einen hohen Gehalt an Chlorophyll und sekundären Pflanzenstoffen. Gekeimte Hülsenfrüchte enthalten viel leicht verwertbares Eiweiß. Zudem ist ihr Fettgehalt gering und der Cholesteringehalt gleich null. Und sie liefern uns jene „guten" Kohlenhydrate, die wir bevorzugt zu uns nehmen sollten.

## MAN KANN DAMIT AUCH RUHIG MAL ANGEBEN!

Wer seine eigenen Sprossen zieht, darf sich mit Fug und Recht auf die Schulter klopfen. Nicht jeder kommt mit dem für die Sprossenzucht erforderlichen Zeitplan klar, obwohl er eigentlich kinderleicht ist. Wenn Sie erst einmal mit der Sprossenzucht angefangen haben, können Sie Ihren Freunden und Bekannten gegenüber ganz nebenbei Sätze fallen lassen wie: „Ich musste vor der Arbeit noch schnell meine Sprossen ansetzen" oder „Heute gibt's selbst gezogene Sprossen zum Mittagessen" und natürlich „Willst du mal meine Sprossen probieren? Die hab ich selbst gezogen."

## VIELFALT IST DAS A UND O EINER GESUNDEN ERNÄHRUNG

Mit selbst gezogenen Sprossen nehmen Sie eine Vielzahl von verschiedenen Gemüsesorten in Ihre Ernährung auf, und der Verzehr von frischem Gemüse ist das A und O einer optimalen Versorgung mit Nährstoffen. Jedes Gemüse enthält unterschiedliche Nährstoffe in verschiedener Menge. Durch eine abwechslungsreich zusammengestellte Ernährung mit Sprossen bekommt Ihr Körper alle notwendigen Nährstoffe. Gekeimte Hülsenfrüchte sind gute Eiweißlieferanten, Sprossen von Mini-Blattgemüse versorgen uns mit Chlorophyll und Vitaminen. Zudem liefern Sprossen die für jede Ernährungsform nützlichen Ballaststoffe – und das sogar noch in schmackhafter Form.

## SPROSSENGÄRTNER SIND GESELLIG

Schließen Sie sich mit anderen Sprossengärtnern zu einer Gemeinschaft Gleichgesinnter zusammen. Auf den ersten Blick mag es so aussehen, als wäre man als Sprossengärtner ein Einzelkämpfer. Doch wenn Sie anderen von Ihrer Sprossenzucht erzählen, stellt sich vielleicht heraus, dass der eine oder andere selbst auch Sprossen zieht, schon einmal gezogen hat oder gern ziehen würde.

Bringen Sie zum nächsten geselligen Beisammensein statt einer Packung Kekse doch mal Sprossen mit. Vielleicht stellen Sie dann am Ende verwundert fest, dass Ihre Sprossen restlos verputzt worden sind.

## SPROSSEN – NUR DAS BESTE FÜR IHRE LIEBEN

Mit selbst gezogenen Sprossen sorgen Sie besser für das Wohl Ihrer Familie. Sie vermitteln Ihren Kindern gesündere Ernährungsgewohnheiten, was mit dem Anlegen eines eigenen Sprossengartens beginnt. Sie leben ihnen eine gesunde Ernährung mit frischen Lebensmitteln vor. Damit geben Sie Ihren Kindern einen besseren Start ins Leben. Kindern macht es Spaß, den Sprossen beim Wachsen zuzusehen und sie dann zu essen – meistens können sie dann nicht einmal abwarten, bis Sie ein Dressing zubereitet haben. Und mit gekeimten Bohnen und Samen im Futter fördern Sie auch die Gesundheit Ihrer Haustiere. Hunde, Katzen, Vögel und andere tierische Hausgenossen fressen Sprossen gern. Haben Sie bis jetzt Katzengras fertig im Topf gekauft? Ziehen Sie es in Zukunft doch selbst. So sparen Sie Geld und tun Ihrem Tier etwas Gutes!

## SPROSSEN HELFEN SPAREN

Hülsenfrüchte verdoppeln ihr Volumen bei Keimen. 1 Pfund winziger Samen wie der von Alfalfa ergeben ca. 3 Kilogramm Sprossen – und das zu einem Bruchteil des Preises, den die gleiche Menge biologisch angebautes Gemüse kosten würde. Dabei sparen Sie nicht nur Geld, sondern auch Zeit. Es dauert nur etwa eine Woche, um aus Erbsen eine Schale Sprossen für einen Salat zu ziehen. So schnell wächst kein Salatkopf! Meine Erbsen keimen in einer Schale auf der Küchenanrichte. Unkrautjäten und Schneckensammeln sind überflüssig. Und ich muss mir auch keine Gedanken machen, den Salat rechtzeitig zu ernten, bevor er anfängt zu schießen und Samen produziert. Lagerprobleme gibt's meistens auch keine, weil die Sprossen gegessen werden, sobald sie die richtige Größe haben. Fazit: Sprossen ziehen bedeutet Geld sparen.

## KEIN RISIKO MIT SELBST GEZOGENEN SPROSSEN

Gehen Sie kein Risiko ein! Selbst gezogene Sprossen sind hygienischer als gekaufte. Der verantwortungsvolle Sprossengärtner verwendet sauberes, frisches Wasser. Er wäscht sich die Hände, bevor er Samen oder Sprossen anfasst, und reinigt die Keimgeräte mit heißem Wasser und Spülmittel. Und wer fasst die Samen und Sprossen an? Nur Sie selbst! Bei gekauften Sprossen weiß man nie, wer damit hantiert hat bzw. wo und wie lange sie gelagert wurden.

## SPROSSEN VERBESSERN IHREN ÖKOLOGISCHEN FUSSABDRUCK

Selbst Sprossen zu ziehen ist gut für die $CO_2$-Bilanz und die beste Methode, um Ihren ökologischen Fußabdruck zu verbessern. Lange Transportwege und der Einsatz von Dünge- und Pflanzenschutzmitteln entfallen, die Umwelt wird nicht belastet. So handeln Sie höchst ökologisch und in der Summe wirken sich viele kleine Schritte schließlich positiv auf das Ganze aus.

## SPROSSENZIEHEN MACHT ACHTSAM

Die Sprossengärtnerei ist heilsam für Körper und Geist. Ihr Körper profitiert vom Verzehr und Ihre Seele von der Aufzucht der Sprossen. Es bereitet viel Freude, Sprossen zu hegen und zu pflegen. Der Geist wird dabei ruhig und konzentriert. Üben Sie sich im Zen des Sprossengärtners: Achtsam wässert er die Sprossen, achtsam verzehrt er sie. „Nehmen Sie den Geschmack einer einzelnen Sprosse bewusst wahr" und auch die Unterschiede zwischen den verschiedenen Sorten. Werden Sie eins mit der Sprosse.

## DAS PRIVATE IST POLITISCH

Selbst Sprossen zu ziehen und zu essen ist nicht nur eine private Angelegenheit. Es wirkt sich auch auf die Welt als Ganzes aus, weil Sie auf diese Weise frische, lokale Lebensmittel selbst produzieren. Und verwenden Sie für Ihre Sprossenzucht Samen aus biologischem Anbau. So können Sie etwas verändern!

## SPROSSEN SIND SCHÖN

Sprossen sind auch eine Wohltat fürs Auge. Lebendiges Grün in der Wohnung zu haben, ist einfach schön. Wie wär's? Haben Sie Lust, die Anzahl Ihrer Zimmerpflanzen um einen Sprossengarten zu erweitern? Sprossen von Blattpflanzen haben ganz unterschiedlich geformte Blätter, variieren in der Größe und bieten Ihnen eine Vielfalt an attraktiven Grüntönen, die teilweise auch ins Rote, Violette oder Gelbe spielen. Die Samen präsentieren sich in allen erdenklichen Formen und Größen, eignen sich wunderbar als Schauobjekte und lassen sich sogar zu kleinen Kunstwerken gestalten.

## SPROSSEN SIND ZU JEDER JAHRESZEIT FÜR SIE DA

Selbst gezogene Sprossen stehen Ihnen zwölf Monate im Jahr zur Verfügung. Sie lassen sich in jeder Wohnung, im eisigsten Winter und selbst auf der höchsten Bergspitze ziehen. Ihre Sprossen werden für Sie da sein, wenn Sie sie am dringendsten brauchen. Und Sie ersparen sich den Weg zum nächsten Bio-Gemüsemarkt, wenn Sie in Ihrer Küche einen eigenen Keimapparat stehen haben.

## SPROSSEN – IHR EINSTIEG INS BIOGÄRTNERN

Verwenden Sie Sprossensaatgut aus biologischem Anbau und tun Sie sich selbst und unserem Planeten etwas Gutes, indem Sie auf Chemie verzichten. So werden Sie in den eigenen vier Wänden zum Biogärtner und unterstützen damit gleichzeitig die Produzenten von biologischem Saatgut.

# WER ZIEHT SPROSSEN?

Ob arm oder reich, Sprossengärtner finden Sie auf der ganzen Welt, mögen sie auch auf den ersten Blick nicht als solche erkennbar sein. Doch es gibt uns! Und sobald Sie selbst Sprossen ziehen und zum Sprossengärtner geworden sind, wird Sie die Kunst des Sprossenziehens als besonderer Lebensstil bis ans Ende Ihrer Tage begleiten.

## GESÜNDER LEBEN MIT SPROSSEN

Wer sich gesünder ernähren will, landet nicht selten bei der Sprossengärtnerei. Kein Ernährungsratgeber, kein Medienbericht zum Thema „gesunde Ernährung" kommt ohne die Empfehlung aus, doch mehr Gemüse zu essen. Gemüse liefert uns viele der Makronährstoffe, ohne die unser Körper nicht funktionieren kann, gleichzeitig enthält es nur geringe Mengen all jener Fette und Kohlenhydrate, die wir meiden sollten, wenn wir unsere Gesundheit lange erhalten wollen. Sprossen sind Gemüse in seiner frischesten Form.

Diäten, die das Risiko einer Krebserkrankung senken, sind arm an gesättigten Fettsäuren. Eine gesunde Ernährung sollte reich an ungesättigten bzw. einfach ungesättigten Fettsäuren und Ballaststoffen sein. Verzehren Sie Sprossen von grünem Blattgemüse oder Gras wie z. B. Alfalfa, Rotklee, Brokkoli, Weizengras, Sonnenblume oder Buchweizen. Sie alle sind zudem eine gute Quelle für Ballaststoffe, andere Makronährstoffe und den grünen Blattfarbstoff Chlorophyll.

Die Sprossen von Hülsenfrüchten sind eine gute Eiweißquelle für Diabetiker. Sie schmecken einfach lecker, sind leicht verdaulich, fettarm und reich an Ballaststoffen. Und sie liefern uns die guten Kohlenhydrate, die wir bevorzugt zu uns nehmen sollten, wenn wir uns gesund ernähren wollen.

Die meisten Sprossen sind zudem glutenfrei. Die wenigen, die Gluten enthalten, sind schnell aufgezählt. Wenn Sie an einer Glutenunverträglichkeit leiden, sollten Sie alle Getreidesorten vermeiden, die mit dem Hartweizen verwandt sind: (Weich-) Weizen, Gerste, Roggen, Dinkel und Triticale (eine Kreuzung aus Weizen und Roggen). Hafer wird oft in denselben Anlagen verarbeitet wie glutenhaltige Getreide, sodass er mit Gluten verunreinigt sein kann. Bei manchen Menschen besteht auch eine Unverträglichkeit gegen Peptide aus dem Hafereiweiß. Nicht mit dem Weizen verwandt und somit glutenfrei sind Quinoa, Amaranth und Hirse. Mini-Blattgemüse, Grünkraut und Hülsenfrüchte sind ebenfalls glutenfrei. Mit Sprossen ist also auch bei einer Glutenunverträglichkeit der Tisch reich gedeckt.

Mehr Gemüse und vor allem Chlorophyllhaltiges wie Sprossen zu essen entlastet zudem das Herz. Vollkorn mit seinem hohen Gehalt an Ballaststoffen hilft bei Blutdruckproblemen und das gekeimte Getreide schmeckt auch wirklich gut.

Wenn Sie abnehmen wollen, geben Sprossen Ihnen ein nachhaltiges Gefühl der Sättigung – bei geringer Kalorienzufuhr. Hülsenfrüchte enthalten viele Ballaststoffe, die das Verdauungssystem einige Zeit auf Trab halten, sodass es keine Gelegenheit hat, diese ewigen „Bitte Nachschub! Ich habe Hunger!"-Signale ans Gehirn zu senden. Und wenn sich der Hunger meldet, stillen Sie ihn einfach mit nährstoffreichen Sprossen.

Besonders bei Low-Carb-Diäten sind Sprossen unverzichtbar, weil sie dem Körper nur die guten Kohlenhydrate liefern. Da er sie vollständig verwerten kann, entsteht erst gar kein Fettgewebe.

## BESSER LEBEN MIT SPROSSEN

Wer sonst noch sollte Sprossen in seine Ernährung einbeziehen? Jeder, der sich von frischem, selbst gezogenem Gemüse ernähren möchte. Jeder, der gern Mini-Blattgemüse isst, und alle, die den knackig-süßen Geschmack von gekeimten Hülsenfrüchten mögen. Leute, die ihre eigenen Säfte pressen, ziehen oft riesige Mengen Sprossen, um damit ihre Smoothies und Säfte energetisch aufzuwerten.

Die Statistik belegt, dass sich bei den Sprossengärtnern Männlein und Weiblein zahlenmäßig in etwa die Waage halten. In vielen Familien wird das Sprossenziehen nur von einer Person betrieben. Irgendwann kümmern sich schließlich hin und wieder auch die anderen Familienmitglieder um die Sprossen, um sich an diesen Köstlichkeiten gütlich zu tun. Sprossengärtner sind zwar alterslos, doch die Gruppe der Vierzig- und Fünfzigjährigen ist hier leicht überdurchschnittlich vertreten.

Sprossen sind ideal für: Studenten in Wohnheimen, Menschen in Altenheimen und betreuten Wohneinrichtungen; Leute, die auf Booten oder in Wohnmobilen leben oder sonst wie auf Achse sind; für Urlauber und arbeitende Menschen, für Leute mit kleinen Wohnungen oder solche mit großen Häusern. Es gibt sogar Lkw-Fahrer, die immer ihr Keimgerät dabeihaben, damit sie unterwegs frisches Gemüse bekommen. Sprossen gedeihen überall.

Vegetarier, Veganer und Rohköstler sind Sprossengärtner. Doch auch wer gern Fleisch, Fisch und Geflügel isst, findet in Sprossen eine leckere Ergänzung. Sprossen harmonieren mit vielen unterschiedlichen Gerichten. Selbst gezogene Sprossen auf dem Hamburger sind eine schmackhafte Alternative zu importiertem Treibhaussalat. Und ein gekeimter Bohnensalat ist, was Geschmack und Biss angeht, ein interessanter Kontrast zu einem zarten Fischfilet.

Selbst bei täglichem Verzehr schmecken Sprossen nie langweilig. Sie eignen sich, selbst wenn Sie nur Sprossen essen oder sie als Beilage verzehren, als vollwertige Mahlzeit oder Imbiss. Sie können Sprossen allein ziehen oder zusammen mit Ihrer Familie, mit Freunden, Nachbarn und Kollegen. Die Sprossengärtnerei ist ein wunderbar grünes und frisches Abenteuer. Machen Sie mit!

DIE SPROSSENZUCHT IST EIN ABENTEUER: EIN SAMENKORN, ETWAS WASSER UND ... SIE.

# WAS IST SPROSSEN-ZUCHT?

Sprossen sind gekeimte Samen. Die Keimung vollzieht sich sowohl durch einen physikalischen Prozess als auch durch eine Reihe chemischer Reaktionen, bei denen der inaktive Samen Wasser aufnimmt und sich in einen lebendigen Spross verwandelt. Der wichtigste Schritt beim Ziehen von Sprossen ist das Einweichen der Samen, die sich dabei mit Wasser vollsaugen können. Das Wasser dringt durch die Samenschale und wird vom Keimling aufgenommen, wodurch der Samen anschwillt und die Schale Risse bekommt.

Wenn die Samen genügend Wasser und Sauerstoff bekommen und der richtigen Temperatur ausgesetzt sind, löst der Keimprozess eine chemische Reaktion aus, die man in der Biologie als „Atmung" bezeichnet. Dabei wird durch komplexe chemische Prozesse Glukose (Zucker) in Energie umgewandelt. Die Glukose selbst wird zu Kohlendioxid und Wasser abgebaut, wozu Sauerstoff benötigt wird. Atmung wandelt also Nahrung, in diesem Fall aus Zucker, in Energie um.

Die Formel für diese aerobe Atmung lautet: Glukose + Sauerstoff = Wasser + Kohlendioxid + Adenosintriphosphat (ATP).

Dieses sehr energiereiche ATP wird von dem Samen benötigt, um sich innerhalb von wenigen Tagen durch Vermehrung der Zellen zu einer höchst nahrhaften Sprosse zu entwickeln. Alles, was ein Samen braucht, um zur Sprosse zu werden, ist in seiner Schale bereits enthalten. Wir müssen ihm nur noch genügend Wasser geben und für die richtige Temperatur sorgen.

Bei den kleinen Blättchen an gekeimten Alfalfa-, Radieschen- oder Rotkleesamen handelt es sich noch nicht um die eigentlichen Blätter der Pflanze, die sich erst nach ca. 25 Tagen bilden, sondern um die sogenannten Kotyledonen oder Keimblätter. Was also auf unseren Teller wandert, sind die Sprossen und die Keimblätter. Gräser hingegen haben kein solches Keimblatt, sondern einen röhrenartigen Auswuchs, die sogenannte Koleoptile, die den Boden durchstoßen und aus denen dann das erste Blatt sprießt.

Pflanzen produzieren schon zu Beginn ihres Keimstadiums Chlorophyll oder Blattgrün, mit dessen Hilfe sie durch Fotosynthese das Sonnenlicht in Energie umwandeln. Bei diesem lebenswichtigen chemischen Prozess gewinnen sie Kohlenhydrate aus Kohlendioxid und Wasser.

Einer der Gründe, warum wir die Sprossen von grünem Blattgemüse essen oder als Saft zu uns nehmen, ist, dass sie uns mit Chlorophyll versorgen.

Die beschriebenen chemischen Prozesse laufen innerhalb weniger Tage ab. Durch Einweichen, Wässern und Abgießen schaffen wir die äußeren Bedingungen, die unsere Samen zum Keimen bringen. Die Enzyme, die den Sprossen das Wachstum ermöglichen, sind auch an der Bildung der Makro- und Mikronährstoffe beteiligt, die der Körper braucht, um richtig zu funktionieren.

Das Sprossenziehen ist also mehr als nur eine Reihe von Arbeitsschritten – und mehr als nur das Keimen von Saatgut. Es ist vor allen Dingen unser Beitrag zu einer gesünderen, frischen und schmackhaften Ernährung. Zudem vereint es die Familie und bringt Menschen zusammen. Viele Leute glauben, sie seien die einzigen Sprossengärtner auf weiter Flur und stellen dann zufällig fest, dass sie diese Leidenschaft mit ihren Nachbarn teilen. Die Sprossenzucht ist ein Abenteuer. Es beginnt mit einem Samenkorn, etwas Wasser und Ihnen.

WASSER
SAUERSTOFF
LICHT-
ENERGIE
KOHLEN-
DIOXID
MINERALIEN
WASSER

## TEIL I

# WAS SIE FÜR IHREN EINSTIEG IN DIE SPROSSEN-GÄRTNEREI BRAUCHEN

## KAPITEL 2

# WÄHLEN SIE IHR KEIMGERÄT

MIT DER RICHTIGEN AUSSTATTUNG WIRD DIE SPROSSENZUCHT ZUM KINDERSPIEL. ES GIBT DREI ARTEN VON KEIMGERÄTEN BZW. KEIMMETHODEN, DIE ALLE IHRE VORTEILE UND IHRE ANHÄNGER HABEN: DIE ANZUCHT IM GLAS, IM BEUTEL ODER IN DER SCHALE. UND IM HANDEL SIND AUCH ELEKTRISCHE KEIMGERÄTE ERHÄLTLICH.

FÜR WELCHE KEIMMETHODE SIE SICH ENTSCHEIDEN, IST LETZTENDLICH EINE FRAGE DES PERSÖNLICHEN GESCHMACKS, DENN BIS AUF WENIGE AUSNAHMEN LASSEN SICH DIE MEISTEN SAMEN MIT ALLEN DREI METHODEN ZUM KEIMEN BRINGEN. MANCHMAL IST AUCH DER PLATZ, DEN MAN FÜR SEINEN SPROSSENGARTEN ZUR VERFÜGUNG HAT, FÜR DEN KAUF ENTSCHEIDEND. EXPERIMENTIEREN SIE EINFACH MIT DEN UNTERSCHIEDLICHEN METHODEN UND ENTSCHEIDEN SIE SICH FÜR DIE, DIE AM BESTEN ZU IHNEN PASST.

# SPROSSEN-GLÄSER

Die Sprossenzucht im Glas dürfte wohl die am weitesten verbreitete Methode sein. Mit ihr gestaltet sich der Einstieg in das Sprossenziehen ebenso einfach wie kostengünstig, und tatsächlich beginnen viele Sprossengärtner mit dieser Methode. Keimgläser bekommen Sie im Naturkostladen, im Bio-Supermarkt oder im Reformhaus. Eine größere Auswahl haben Sie in Online-Shops. Statt eines Sprossenglases ist auch ein einfaches Einkochglas mit Schraubverschluss geeignet, das Sie in der Haushaltswarenabteilung oder auch gebraucht auf dem Flohmarkt kaufen können.

Sie können die Samen darin sowohl einweichen als auch keimen. Neben dem günstigen Anschaffungspreis haben Keimgläser den Vorteil, dass sie aus einem natürlichen Material bestehen und nicht wie viele Keimapparate aus Acrylglas bzw. Kunststoff sind.

Ein Nachteil von Einmachgläsern darf aber nicht verschwiegen werden. Die Luftzirkulation ist bei ihnen schlechter als bei anderen Keimgeräten, wodurch es leichter zu Schimmelbildung kommen kann.

Dieser Gefahr können Sie aber vorbeugen, indem Sie Einmachgläser mit zweigeteiltem Schraubdeckel verwenden und den Deckeleinsatz durch ein rostfreies Drahtgitter oder ein Kunststoffnetz ersetzen. Dies verbessert nicht nur die Luftzirkulation. Nach dem Wässern des Keimguts kann überflüssiges Wasser aus dem schräg aufgestellten Glas zudem gut ablaufen.

Nicht alle Samen keimen im Glas. Für größere Sprossen wie etwa solche aus Sonnenblumenkernen, Buchweizen, Bohnen und Erbsen oder auch für Gräser brauchen Sie Keimschalen. Die Sprossen von Rucola, Kresse, Leinsamen und Chia können Sie nicht im Glas ziehen, da die Samen beim Quellen Schleim bilden und faulen, wenn sie zu dicht beieinanderliegen.

Alles, was Sie draußen an Gräsern, Blumen, Sträuchern und Bäumen sehen können, ist aus einem kleinen Samenkorn entstanden. Doch während in der freien Wildbahn Pflanzen, wie von Mutter Natur beabsichtigt, gerade in Richtung Licht wachsen, ist dies den Sprossen im Glas nicht möglich, und so verschlingen sie sich schnell zu einem dichten Knäuel.

Damit will ich nicht sagen, dass sich Gläser nicht zur Sprossenzucht eignen. Samen, die kleinblättriges Blattgemüse bilden, sowie Bohnen- und Getreidekeimlinge lassen sich gut in Gläsern ziehen. Für manche Leute ist das Keimen in Gläsern die einzig wahre Methode, und sie erzielen mit ihren Lieblingssamen darin die besten Resultate.

Wenn Sie sich für diese Methode entscheiden, sollten Sie aber auf alle Fälle Gläser mit weitem Hals und Schraubverschluss verwenden. Ein Schraubverschluss ist besonders praktisch, weil man hier oft den Deckeleinsatz herausnehmen und einfach durch ein rostfreies Draht- oder Kunststoffgitter ersetzen kann. Das Gitter auf die passende Größe schneiden, in den Schraubring einlegen, fertig! In Online-Shops werden Keimgläser mit rostfreiem Edelstahlsieb angeboten, die allerdings mehr kosten. (*Bezugsquellen* siehe Seite 153)

## SO WIRD'S GEMACHT

Die Samen über Nacht in dem Glas einweichen und das Einweichwasser am nächsten Morgen abgießen. Eingeweichte Samen mit frischem Wasser spülen und abgießen. Die Samen 2-mal täglich – jeweils morgens und abends – mit frischem Wasser spülen und abgießen. Achten Sie darauf, das Wasser vollständig abzugießen. Die Samen bzw. Sprossen dürfen nicht im Wasser stehen. Und denken Sie beim Wässern Ihrer Sprossen daran, dass Sie als Sprossengärtner bei diesen kleinen Pflänzchen Mutter Natur vertreten. Lassen Sie beim Wässern den Samen bzw. Sprossen genug Zeit, sich vollzusaugen. Sprossen nehmen gern ein Bad. Danach fühlen sie sich frisch und gekräftigt – bereit, zu wachsen und zu gedeihen. Nutzen Sie die Zeit, in der sich Ihre kleinen Zöglinge im Wasser tummeln, zum Zähneputzen oder Frisieren.

Die Sprossenzucht im Glas hat den großen Vorteil, dass Sie die fertigen Sprossen im Kühlschrank aufbewahren können, wo sie ca. eine Woche frisch bleiben. Sie müssen dann nur das Glas luftdicht verschließen und die Sprossen jeweils nach ein paar Tagen erneut wässern und gründlich abgießen. Sie können nach dem „Zwei-Wege-System" vorgehen, indem Sie ein Glas zum Keimen und eins zum Lagern verwenden. So haben Sie jeden Tag frische Sprossen zur Hand.

Keimgläser lassen sich leicht mit Spülmittel und warmem Wasser säubern. Danach mit heißem Wasser ausspülen. Das ist ebenso effektiv wie der Topfschwamm oder der Geschirrspüler.

# DER EASY SPROUTER

Der *Easy Sprouter* ist sozusagen die Weiterentwicklung der Sprossenzucht im Glas. Beim *Easy Sprouter* stecken zwei Gefäße ineinander, von denen das innere Lüftungsschlitze hat. Durch die verbesserte Belüftung ist die Gefahr der Schimmelbildung deutlich geringer, sodass Sie sich immer auf frische, wohlschmeckende Sprossen freuen dürfen.

Der *Easy Sprouter* ist gut durchdacht. Es gibt einen Messbecher, mit dem Sie die Menge der trockenen Samen ebenso abmessen können wie die der gekeimten Sprossen zur Verwendung in Rezepten. Zum Einweichen füllen Sie die Samen in den inneren Behälter, den Sie zum Wässern und bequemen Abgießen herausnehmen können. Außerdem werden ein Deckel mit Lüftungsschlitzen und ein luftdicht schließender Deckel zum Lagern der fertigen Sprossen mitgeliefert. Der *Easy Sprouter* nutzt die beim Keimen natürlich entstehende Wärme, sodass die Samen gleichmäßig warm und feucht bleiben. Übermäßiges Wässern und Abgießen entfällt.

Sich auf Reisen mit frischen Sprossen zu versorgen ist nicht immer einfach, doch mit dem praktischen *Easy Sprouter* müssen Sie auch unterwegs nicht mehr auf knackige Frische verzichten. Ab jetzt gibt es keine Ausreden mehr! (***Bezugsquellen*** siehe Seite 153)

## SO WIRD'S GEMACHT

Messen Sie mit dem Messbecher die nötige Menge Samen ab und füllen Sie diese dann in den inneren Behälter. Stecken Sie den inneren Behälter in den äußeren und füllen Sie das Gefäß mit Wasser. Die Samen über Nacht einweichen. Am nächsten Morgen den inneren Behälter herausnehmen und abtropfen lassen, Einweichwasser wegschütten. Die Samen bzw. Sprossen mit frischem Wasser spülen, danach den inneren Behälter wieder in den äußeren setzen. Samen bzw. Sprossen morgens und abends wässern. Gut abtropfen lassen. Die Keimlinge sollen zwar feucht sein, dürfen jedoch nicht im Wasser stehen. Und denken Sie immer daran: Sie sind die Mama für diese kleinen Pflänzchen! Nehmen Sie sich Zeit für die tägliche Prozedur. Ihre Sprossen werden es Ihnen durch gesundes Wachstum danken.

Auch das Lagern der fertigen Sprossen im Kühlschrank ist mit dem *Easy Sprouter*, der ein Volumen von etwa 1 Liter hat, kein Problem. Verschließen Sie das Gefäß einfach mit dem luftdichten Deckel. Und mit zwei *Easy Sprouter* zum Keimen und zum Lagern können Sie jeden Tag frische Sprossen genießen.

Der *Easy Sprouter* lässt sich sowohl im Geschirrspüler als auch von Hand mit Spülmittel und warmem Wasser gut reinigen.

# SPROSSEN-BEUTEL

Hülsenfrüchte und Getreide im Sprossenbeutel zum Keimen zu bringen macht einfach Spaß. Einerseits hält der Beutel die Sprossen zwischen den einzelnen „Spülgängen" feucht, andererseits ermöglicht das Gewebe eine gute Luftzirkulation, sodass Sie sich über eventuelle Schimmelbildung keine Gedanken machen müssen.

Sprossenbeutel werden aus haltbarem Material wie Hanf- oder Synthetikfasern hergestellt. Bei richtiger Verwendung kann sich auch kein Schimmel im Gewebe einnisten.

Das Keimen mit dem Sprossenbeutel ist einfach und problemlos. Die Säckchen lassen sich sogar als Beutel für die kleine Zwischenmahlzeit verwenden. Nehmen Sie auf Ihre nächste Wanderung oder Radtour doch mal einen Beutel Sprossen mit! Auch am Arbeitsplatz bringen knackige Keimlinge aus dem Sprossenbeutel den gesunden Frischekick. (*Bezugsquellen* siehe Seite 153)

Hülsenfrüchte und Getreidekörner verdoppeln beim Keimen ihr Volumen. Wenn Sie 50 Gramm Sprossen haben wollen, nehmen Sie 25 Gramm trockene Samen bzw. Körner und weichen sie über Nacht in mindestens dreimal so viel Wasser ein, da diese Samen im Verhältnis zu ihrer Größe sehr viel Wasser aufnehmen.

## So wird's gemacht

Legen Sie den Sprossenbeutel ein paar Minuten lang ins Wasser, bis er gut durchfeuchtet ist. Füllen Sie dann die eingeweichten Samen oder Körner über dem Spülbecken in den Sprossenbeutel. Abtropfen lassen, gründlich wässern und wieder abtropfen lassen. Ziehen Sie nun das Zugband zu und hängen Sie den Beutel so auf, dass noch vorhandenes Wasser abtropfen kann. Achtung! Den Beutel sollten Sie immer hängend aufbewahren! Wenn Sie ihn einfach auf einer glatten Oberfläche abstellen, verfaulen die Samen.

Die Samen täglich jeweils morgens und abends mit frischem Wasser spülen. Das Wasser gut ablaufen lassen und das Säckchen zum Abtropfen aufhängen. Nach dem Wässern können Sie den Sprossenbeutel vorsichtig durchmassieren. Das verbessert die Luftzirkulation, und die Samen verwurzeln sich nicht im Gewebe.

Und wie immer gilt beim Wässern: Denken Sie daran, Sie sind ein Sprossengärtner! Die kleinen Pflänzchen sind auf Gedeih und Verderb auf Ihre Fürsorge und ihr tägliches Vollbad angewiesen. Alternativ können Sie das Sprossensäckchen auch für ein, zwei Minuten ins Spülbecken oder in eine Schüssel Wasser stellen, statt es unter fließendes Wasser zu halten.

Der Sprossenbeutel eignet sich auch dazu, die frischen Sprossen im Kühlschrank aufzubewahren. Sie müssen sie nur alle paar Tage wässern, damit sie lebendig bleiben, nicht austrocknen und ihren Nährwert behalten.

## Pflegetipps für Sprossenbeutel aus Hanf

Mit der richtigen Pflege können Sprossenbeutel aus Hanf selbst bei täglichem Gebrauch jahrelang halten. Einfach den Beutel nach jedem Keimzyklus mit heißem Wasser durchspülen und zum Trocknen aufhängen, dann ist er bereit für den nächsten Einsatz. Wenn er gewaschen werden muss, nehmen Sie eine milde Seifenlösung, die Sie auch für Babysachen verwenden würden. Aggressivere Waschmittel sind nicht nötig. Einfach in einer warmen Seifenlauge waschen, in heißem Wasser gründlich ausspülen und dann möglichst in der Sonne trocknen lassen. So können sich keine Bakterien bilden.

Eventuelle Flecken, die sich im Laufe der Zeit bilden, sind kein Indiz für Schimmel, sondern kommen von den Samen. Wie Sie vielleicht wissen, war es früher üblich, Stoffe mit Pflanzenfarben zu färben. Durch Auskochen und Trocknen an der Sonne können Sie diese Flecken bleichen.

# KEIMSCHALEN

Die Sprossengärtnerei mit Keimschalen ist fast noch einfacher. Professionelle Sprossengärtner bzw. Weizengraszüchter verwenden ausschließlich Keimschalen. Grundsätzlich gedeihen die meisten Samenarten in Schalen sehr gut, da sie hier quasi natürliche Wachstumsbedingungen vorfinden.

Die Handhabung ist im Prinzip immer dieselbe, dennoch sollten Sie sich an die Gebrauchsanweisungen des Herstellers halten.

Keimschalen werden in vielen Varianten und Ausführungen angeboten: rund, eckig, als einzelne Schale oder als Turm. Die meisten Keimschalen sind aus Kunststoff, daher sollten Sie darauf achten, dass das verwendete Material lebensmittelecht und BPA-frei ist. Der Boden der Schalen enthält Belüftungslöcher oder -schlitze, sodass ein guter Wasserabfluss und eine gute Luftzirkulation gewährleistet sind.

Keimschalen funktionieren nach dem Treibhaus-Prinzip. Daher werden sie stets mit Deckel geliefert bzw. haben Lüftungsschlitze, wenn es sich dabei um ein geschlossenes System handelt. So können die Samen bzw. Sprossen zwischen zwei Wässerungszyklen nicht austrocknen. In Keimschalen können Sprossen gerade nach oben wachsen – wie es von der Natur vorgesehen ist. Sie ermöglichen uns die tägliche Versorgung mit frischen Sprossen auf kleinstem Raum. (*Bezugsquellen* siehe Seite 153)

## SO WIRD'S GEMACHT

Samen über Nacht einweichen (kann bei bestimmten Typen von Keimschalen entfallen). Die eingeweichten Samen über dem Spülbecken in die Keimschale füllen, das Wasser ablaufen lassen, dann spülen und gut abtropfen lassen. Es darf sich keine Staunässe durch stehendes Wasser bilden. Dann die Keimschale mit dem Deckel verschließen. Samen bzw. Sprossen morgens und abends gut wässern und abtropfen lassen. Lassen Sie sich Zeit zum Wässern Ihrer kleinen Lieblinge, der Erfolg Ihrer Sprossenzucht hängt von Ihrer Hingabe ab. Und singen Sie Ihren Pflänzchen doch mal ein Liedchen vor!

Reinigen Sie Keimschalen in warmem Wasser mit Spülmittel. Danach mit heißem Wasser ausspülen. Einzelne Produkte sind auch spülmaschinenfest, doch lesen Sie erst die Gebrauchsanleitung des Herstellers, bevor Sie Ihren Keimapparat in die Spülmaschine geben. Manchmal verstopfen Reste von Samenhülsen die kleinen Löcher im Boden der Keimschalen. Dann hilft entweder sanftes Schrubben oder das Herauspiksen mit einer aufgebogenen Büroklammer bzw. Nadel.

Manche Keimschalen eignen sich auch zum Lagern der Sprossen im Kühlschrank. Falls nicht, müssen Sie die fertigen Sprossen in ein anderes Gefäß umfüllen.

## TERRAKOTTA-KEIMSCHALEN

Die Verwendung von Keimschalen aus Ton ist vielleicht die sympathischste Form der Sprossengärtnerei. Ton speichert Wasser und hält die Samen feucht und kühl, sodass sie unter ähnlichen Bedingungen wachsen wie im Erdboden. Die Samen trocknen zwischen den Wässerungszyklen nicht aus und werden gut belüftet.

Achten Sie beim Kauf eines Terrakotta-Keimgeräts darauf, dass es aus natürlichem Ton hergestellt wurde und weder Blei noch Kadmium enthält. Die Schalen sollten – mit Ausnahme des „Untersetzers", der das Wasser auffängt – nicht glasiert sein.

Keimschalen aus Ton eignen sich für alle Samenarten, auch für die kleinblättrigen Sprossen von Alfalfa, Rotklee, Rettich oder Brokkoli. Hülsenfrüchte fühlen sich ebenfalls in Tonschalen wohl, und auch Sonnenblume, Buchweizen und Erbsensprossen gedeihen darin gut. Selbst Weizen- bzw. Gerstengras ließe sich damit gut ziehen, da die Geräte jedoch so klein sind, reicht die geerntete Menge gerade einmal für 30 Milliliter Saft aus.

Ihre wahren Vorzüge enthüllen Terrakotta-Geräte beim Keimen von Samen, die wie Chia, Kresse, Rucola oder Leinsamen beim Kontakt mit Wasser eine schleimige Schicht bilden. Der Ton verhält sich wie Erde und absorbiert die schleimige Masse, sodass sich die Samen ganz normal entwickeln können. Schleim bildende Samen dürfen nicht eingeweicht werden, da sie sonst nicht anwachsen. Verteilen Sie stattdessen die trockenen Samen über den Boden der Schale und spülen Sie sie mit frischem Wasser. Danach gut abtropfen lassen. Dann täglich 2-mal spülen und abtropfen lassen. Es darf sich keine Staunässe durch stehendes Wasser bilden. (*Bezugsquellen* siehe Seite 153)

## SO WIRD'S GEMACHT

Samen über Nacht einweichen. Die Terrakotta-Schale vor dem Befüllen 15 bis 30 Minuten in Wasser legen, damit sie sich mit Wasser vollsaugt. Anschließend die eingeweichten Samen über dem Spülbecken in die Schale füllen und das Wasser ablaufen lassen. Da dies relativ lange dauert, können Sie die Schale auch ins Spülbecken stellen und warten, bis das Wasser vollständig abgelaufen ist. Anschließend wässern und das überschüssige Wasser wieder ablaufen lassen. Es dürfen nur die feuchten Samen in der Schale zurückbleiben. Schließen Sie dann die Schale mit dem Deckel. In der abgedeckten Schale entsteht eine Art Gewächshaus-Klima, bei dem die Samen feucht bleiben und nicht austrocknen. Die Samen bzw. Sprossen wie üblich morgens und abends wässern und das überschüssige Wasser ablaufen lassen.

Wenn Ihr Keimgerät aus mehreren Schalen besteht, können Sie täglich bzw. jeden zweiten Tag eine neue Schale ansetzen. Mit diesem Rotationsprinzip haben Sie immer frische Sprossen zur Hand.

Ziehen Sie Sprossen von grünem Blattgemüse. Sobald die Sprossen geerntet werden können, nehmen Sie den Deckel von der Schale und stellen diese an einen hellen Ort. Normales Tageslicht ist völlig ausreichend. Innerhalb von wenigen Stunden bilden die Sprossen Chlorophyll und werden grün. Wenn die Sprossen größer werden und gegen den Deckel drücken, nehmen Sie den Deckel ab und lassen die Sprossen noch ein paar Tage wachsen. Sie werden nicht vertrocknen, da ihre Wurzeln jetzt schon gut ausgebildet sind.

Nach dem Keimen lassen sich die Terrakotta-Keimschalen gut mit einer weichen Spülbürste reinigen. Sollten Samenreste die kleinen Löcher im Boden verstopfen, lassen sie sich gut mit einer aufgebogenen Büroklammer entfernen.

## KEIMSCHALEN FÜR WEIZEN- UND GERSTENGRAS

Weizen- und Gerstengras lässt sich gut und günstig zu Hause ziehen und ist an Frische durch nichts zu überbieten. Der Saft von selbst gezogenem Weizen- und Gerstengras schmeckt einfach unvergleichlich, steigert das Wohlbefinden und versorgt den Körper mit allen notwendigen Nährstoffen, einschließlich Chlorophyll. Seine Herstellung ist zwar recht aufwendig, sowohl was den benötigten Platz als auch was die erforderliche Zeit angeht, doch für Ihre Mühe werden Sie mit dem frischesten Weizengrassaft aller Zeiten belohnt.

Weizengras (und auch Gerstengras) lässt sich mit und ohne Erde ziehen. Bei der Hydrokultur-Methode wird oft ein Nährstoff zugegeben. Wenn Sie Ihr Gras aber lieber mit Erde keimen lassen wollen: Mit beiden Methoden wird etwa derselbe Nährstoffgehalt erzielt. Weizengras aus Hydrokultur ist jedoch etwas milder im Geschmack. Letztlich ist es Ihr Gaumen, der hier die Entscheidung trifft. Probieren Sie einfach beide Varianten aus.

Für die Anzucht von Weizen- und Gerstengras eignen sich am besten Pflanzschalen, da die Gräser in die Höhe wachsen und so nach oben hin viel Platz brauchen. Sprossengläser sind daher ungeeignet. Gute Resultate lassen sich auch mit Keimautomaten erzielen. Da man schon für eine kleine Menge Weizengrassaft sehr viel Weizengras braucht, verwenden überzeugte Weizengraszüchter große Pflanzschalen, wie man sie aus Gärtnereien kennt. In einer 25 x 50 Zentimeter großen Pflanzschale können Sie Weizengras für ca. 235 Milliliter Saft ziehen.

Solche Keimschalen können Sie auch für Grünkraut aus Sonnenblumenkernen, Buchweizen oder Erbsen verwenden – für leckere Salatgerichte, ausnahmsweise mal ohne den üblichen Kopfsalat. Probieren Sie doch einmal selbst gezogene Sprossen auf einem Bett von frischem Erbsen-Grünkraut – einfach knackig-köstlich! Wenn Sie die Sprossen zu Saft verarbeiten wollen, sind aufgrund der geringen Ausbeute große Mengen Sprossen erforderlich.

Zum Gesundbleiben sollten Sie morgens und abends etwa eine halbe Stunde vor dem Essen jeweils etwa 30 bis 60 Milliliter Weizen- oder Gerstengrassaft auf nüchternen Magen trinken, sodass Sie auf eine Tagesdosis von 60 bis 120 Milliliter kommen. Die therapeutische Anwendung beginnt mit Tagesdosen von 235 Milliliter. Je nach Dosierung kommen Sie mit der Ernte von einer 25 x 50 Zentimeter großen Schale also zwei bis vier Tage aus. Um immer genügend Weizengras zum Entsaften parat zu haben, bepflanzen Sie nach dem Rotationsprinzip am besten gleich mehrere Schalen, sodass das Gras in der nächsten Schale erntefertig ist, wenn Sie die vorige „abgegrast" haben.

Schalen für die Anzucht von Weizengras sind in der Regel als Set erhältlich. Die innere Schale nimmt die Keimsaat auf. Ihr Boden besteht aus einem Sieb oder ist mit Abflusslöchern versehen. Die äußere Schale ist dicht und dient als Auffangbehälter für Wasser bzw. Pflanzerde. Zusätzlich wird eine Abdeckung angeboten, welche die Schalen in ein Mini-Gewächshaus verwandelt und so das junge Gras vor dem Vertrocknen bewahrt.

Wenn Sie Ihr Weizengras lieber in der Erde ziehen wollen, sollten Sie nur Pflanzerde von guter Qualität verwenden. In zahlreichen Naturkostläden oder Bio-Supermärkten können Sie biologische Pflanzerde sowie spezielle Anzuchterde kaufen. Eine Beigabe von Granulat macht die Erde locker, verbessert die Durchlüftung und verhindert Staunässe. Biologischer Kompost oder Wurmkompost sind ebenso gute Bodenverbesserer.

Bei der Hydrokultur-Methode sollten Sie ein Trägermedium verwenden, da dies die jungen Grassprossen vor dem Austrocknen schützt. Ich empfehle Ihnen Küchenkrepp oder Keimvliese aus Kokos- bzw. Zellulosefasern. Besonders kleine Samen lassen sich so besser ziehen.

Da Weizengras zum Keimen länger braucht als Sprossen (durchschnittlich etwa zehn Tage), ist es zudem sinnvoll, die Wurzelbildung der Keimsaat durch Nährstoffzugaben, beispielsweise mit EM1 (Effektive Mikroorganismen), zu unterstützen. Diese Nährstoffe können entweder dem Einweichwasser zugegeben oder nach dem Spülen auf den Wurzelbereich aufgesprüht werden. (*Bezugsquellen siehe Seite 153*)

### SO WIRD'S GEMACHT – HYDROKULTUR

Die Keimsaat über Nacht einweichen. Falls Sie ein Keimvlies verwenden, geben Sie es in die innere Schale. Verteilen Sie darauf die Körner und warten Sie, bis das Wasser abgelaufen ist. Spülen Sie dann die Saat mit frischem Wasser und lassen Sie überschüssiges Wasser ablaufen. In der Keimschale sollten nur feuchte Samen auf dem Vlies liegen. Stehendes Wasser führt zu schädlicher Staunässe. Dann den Deckel auf die Schale setzen. Die Körner morgens und abends wässern und darauf achten, dass sich keine Staunässe bildet. Nach etwa zehn Tagen ist das Gras fertig zum Entsaften.

### SO WIRD'S GEMACHT – ERDKULTUR

Die Keimsaat über Nacht einweichen. Füllen Sie die innere Schale mit Erde, eine dünne Schicht von ca. 3 Zentimetern genügt. Gießen Sie die Körner ab und drücken Sie sie vorsichtig in die Erde. Bedecken Sie die Saat dann mit einer dünnen Erdschicht von höchstens 5 Millimetern. Das schützt die Keime vor dem Vertrocknen. Halten Sie die Erde feucht, aber nicht nass. Nach etwa zehn Tagen ist das Gras fertig zum Entsaften.

Jede Anzucht liefert normalerweise zwei Ernten. Nach der zweiten Ernte ist eine gründliche Reinigung der Schalen mit warmem Wasser und Spülmittel fällig. Anschließend mit heißem Wasser abspülen. Wenn Sie eine Möglichkeit haben, die Erde zu kompostieren, so ist das natürlich wunderbar!

Normale Obst- und Gemüse-Entsafter scheitern an Weizengras. Die Grashalme blockieren die Reibscheibe und der Motor läuft heiß. Weizengras-Entsafter haben eine Press-Schnecke, welche das Gras erst zerkleinert und dann auspresst.

Im Handel sind manuelle und elektrische Weizengras-Entsafter erhältlich. Handbetriebene Entsafter kosten zwar weniger, dafür ist die Anwendung aber etwas mühsamer. Kaufen Sie nur rostfreie Modelle, sie sind hygienischer und leicht sauber zu halten. Elektrische Entsafter gibt es für alle Bedürfnisse und für jeden Geldbeutel.

Anstelle eines Entsafters können Sie auch einen Profimixer verwenden. Schneiden Sie die Grashalme in etwa zwei Finger breite Stücke und mixen Sie sie in ca. 250 Milliliter Wasser. Für einen feinen Saft eventuell verbliebene größere Pflanzenteile durch Abseihen entfernen. Durch die Zugabe von Wasser ist der Weizengrassaft natürlich nicht so konzentriert. Die beim Mixen entstehende Wärme kann den Saft oxidieren lassen.

Wenn Sie den Geschmack von Weizengras nicht mögen, können Sie es mit anderem grünblättrigen Gemüse mixen. Versuchen Sie es mit Stangensellerie, Spinat oder Sprossen von Alfalfa, Rotklee oder Brokkoli. Rettich- oder Senfsprossen sorgen für das gewisse Etwas, wenn Sie es schärfer mögen. Die Zugabe von Obst kann hingegen die Wirkung Ihres gesunden Safts verringern. Mit etwas Geduld und praktischer Erfahrung werden Sie Ihren selbst gemachten Weizen- oder Gerstengrassaft schnell schätzen lernen.

## DER EASYGREEN KEIMAUTOMAT

Die Anschaffung eines Keimautomaten ist auch für erfahrene Sprossengärtner eine neue Dimension. Mit diesen voll automatisierten Keimgeräten gelingt die Sprossenzucht auf hohem Niveau. Der *EasyGreen* nimmt Ihnen das tägliche Spülen und Abgießen ab und versorgt Sie ständig mit frischen, selbst gezogenen Sprossen. Im Internet finden Sie zahlreiche Anbieter solcher Keimautomaten, ja sogar Anleitungen, wie Sie ein solches Gerät selbst bauen können.

Der *EasyGreen* ist mit einem patentierten Vernebler ausgestattet, der Samen und Sprossen gleichmäßig feucht hält. Ein Einweichen der Samen entfällt, da die Samen in regelmäßigen Abständen befeuchtet werden, und auch das morgendliche und abendliche Spülen und Abgießen übernimmt der *EasyGreen* für Sie.

Das Vernebler-System des *EasyGreen* sorgt zudem für die Luftumwälzung im Gerät, sodass die Samen immer gut mit Sauerstoff versorgt werden – ein absolutes Muss für den Keimprozess. Dies gilt übrigens auch für Samen, die in Erde keimen. Gartenpflanzen gedeihen wesentlich besser in gut belüfteten Böden, in denen sich idealerweise auch viele Regenwürmer tummeln.

Die Samen entwickeln sich nur bei der richtigen Temperatur, andererseits entsteht während des Keimprozesses aber Wärme. Der *EasyGreen* bietet ideale Wachstumsbedingungen, da er einerseits für eine konstante Temperatur sorgt und mit seinem Vernebler-System die Samen nicht nur feucht hält, sondern auch kühlt.

Im Gegensatz zu einigen anderen Keimautomaten fließt beim *EasyGreen* überschüssiges Wasser nicht zurück in den Wassertank, sondern läuft durch ein Auslassventil ab. Die Samen bzw. Sprossen werden also stets nur mit frischem Wasser

befeuchtet. Wird wie bei manchen Systemen überschüssiges Wasser in den Tank zurückgeleitet und mehrfach zum Wässern verwendet, so entsteht zusammen mit den warmen Temperaturen im Gerät ein idealer Nährboden für Bakterien.

Das Gerät besteht aus zwei Kammern. In der einen befindet sich der Wassertank, die andere bietet ausreichend Platz für die fünf mitgelieferten Keimschalen. Der *EasyGreen* eignet sich zum Keimen aller Arten von Samen wie Sonnenblumen, Erbsen, Buchweizen und auch Weizengras.

Natürlich ist es billiger, seine Sprossen von Hand zu ziehen statt mit einem Automaten. Doch für viele wiegen der Komfort und die konstante Qualität der Sprossen den Preis auf. Langfristig betrachtet macht sich diese Anschaffung auf jeden Fall bezahlt. (*Bezugsquellen* siehe Seite 153)

## SO WIRD'S GEMACHT

Es empfiehlt sich, die Bedienungsanleitung des Herstellers genau zu lesen und zu befolgen: vom Zusammenbau des Geräts, dem Befüllen des Wassertanks, der Montage des Entwässerungsschlauchs über das Einstellen des Timers bis hin zum korrekten Einfüllen der Samen in die Keimschalen. Sobald Sie den Vernebler an den Strom anschließen, befeuchtet der Keimautomat die Samen in regelmäßigen Intervallen. Sie müssen nur noch 1-mal am Tag den Wassertank auffüllen. Solange dieser gefüllt ist, nimmt Ihnen der Keimautomat das Wässern und Abgießen ab.

Durch die regelmäßigen Wässerungszyklen können Sie die Sprossen – häufig schneller als bei „Handaufzucht" – schon nach ein paar Tagen ernten. In fünf Keimschalen können Sie im Rotationsprinzip die jeweilige Menge Sprossen für den täglichen Verzehr ziehen. Größere Mengen ziehen Sie auf der ebenfalls zur Standardausrüstung gehörenden Keimplatte.

Abgeerntete Keimschalen müssen vor der erneuten Verwendung stets gründlich gereinigt werden. Das Keimgerät sollte wöchentlich desinfiziert werden, was der Vernebler nach Zugabe einer entsprechenden Lösung im Selbstreinigungsmechanismus für Sie erledigt. Zuvor müssen Sie natürlich sämtliche Keimschalen aus dem Gerät nehmen. Befolgen Sie genau die Anweisungen des Herstellers.

# WELCHE KEIM-METHODE IST DIE BESTE?

WIE SIE BEREITS WISSEN, GIBT ES DREI MÖGLICHKEITEN, UM SPROSSEN ZU ZIEHEN:

IM SPROSSENGLAS, IN DER KEIMSCHALE UND IM SPROSSENBEUTEL, WOBEI SIE BEI DEN ERSTEN BEIDEN WIEDERUM ZWISCHEN VERSCHIEDENEN VARIANTEN WÄHLEN KÖNNEN.

JEDE KEIMMETHODE HAT IHRE FANS UND VERSORGT DEN SPROSSENGÄRTNER BEI KORREKTER ANWENDUNG MIT LECKEREN KEIMLINGEN.

DOCH WORIN UNTERSCHEIDEN SICH DIESE KEIMMETHODEN?

| SPROSSENGLAS | KEIMSCHALE | SPROSSENBEUTEL |
|---|---|---|
| Die Wurzeln und Stängel kleinblättriger Sprossen wachsen zu einem Knäuel zusammen. Gut geeignet für Hülsenfrüchte und Getreidekeimlinge mit kurzer Keimdauer | Kleinblättrige Sprossen können gerade nach oben und unten wachsen. Gut geeignet für Hülsenfrüchte und Getreidekeimlinge mit kurzer Keimdauer | Nicht geeignet für kleinblättrige Sprossen |
| Zum schnellen Keimen von Hülsenfrüchten und Getreide | Zum Keimen von allen Samen geeignet: Bohnen, Gräsern und kleinblättrigen Sprossen | Zum schnellen Keimen von Hülsenfrüchten und Getreide |
| Am Boden des Glases bilden sich schnell Schimmel und Mehltau. | Geringere Gefahr von Schimmel- und Mehltau-bildung | Trotz bester Luftzirkulation kein Austrocknen und minimale Gefahr der Schimmel- oder Mehltaubildung |
| Benötigt wenig Platz | Benötigt mehr Platz | Wird aufgehängt und benötigt daher kaum Platz |
| Bei kleinblättrigen Sprossen bekommen nur die oben liegenden Licht. | Kleinblättrige Sprossen haben genügend Platz zum Wachsen und bekommen gleichmäßig Licht. | Nicht geeignet zum Keimen von kleinblättrigen Sprossen. Hülsenfrüchte und Getreidekeimlinge hingegen benötigen kein Licht zum Wachsen. |
| Die Sprossen werden von oben bewässert. Durch Kippen und Schrägstellen des Glases läuft das Wasser ab. | Sprossen werden von oben bewässert. Überschüssiges Wasser läuft nach unten ab. | Sprossen werden rundum bewässert. |
| Keimgläser aus Kunststoff sind praktisch für unterwegs. | Als Reisegepäck zu sperrig | Lässt sich gut mitnehmen |
| Eignet sich nicht zum Keimen von Schleim bildenden Samen, Gräsern oder Grünkraut | Geeignet zum Keimen von Schleim bildenden Samen, Gräsern oder Grünkraut | Sprossen aus Schleim bildenden Samen lassen sich gut ziehen. Nicht geeignet für Gräser und Grünkraut |

Wählen Sie Ihre bevorzugte Keimmethode nach Ihren persönlichen Erfordernissen oder je nach Samenart aus.

## KAPITEL 3

# VON SAMEN UND HÜLSEN-FRÜCHTEN

SPROSSENZIEHEN BESTEHT IM WESENTLICHEN AUS: SAMEN EINWEICHEN, SPÜLEN UND ABGIESSEN. DOCH ES KANN NICHT SCHADEN, AUCH ÜBER EINIGE ANDERE ASPEKTE DER SPROSSENGÄRTNEREI WIE DIE AUSWAHL DER SAMEN, DEN HYGIENISCHEN UMGANG MIT LEBENSMITTELN UND DIE VERMEIDUNG VON SCHÄDLINGSBEFALL BESCHEID ZU WISSEN.

# ALLES ÜBER SAMEN

Auch für die Sprossengärtnerei gilt: Je mehr Sie darüber wissen, umso besser keimen Ihre Samen. Es gibt viel Wissenswertes über Samen und den Umgang mit ihnen. Aber keine Angst, ich werde Sie jetzt nicht mit wissenschaftlichen Details erschlagen. Doch die Vorzüge von biologischem Saatgut sollten Sie kennen. Und auch über Giftstoffe in Samen, Mischen von unterschiedlichen Sorten sowie über ihre Lagerung und die besten Keimtemperaturen sollten Sie Bescheid wissen.

## BIOLOGISCHES SAATGUT

Die besten selbst gezogenen Sprossen erhalten Sie, wenn Sie Samen aus biologischem Anbau verwenden. Wenn wir selbst Sprossen ziehen, um sie später gemeinsam mit Familie und Freunden zu verspeisen, möchten wir schließlich, dass unsere Sprossen nicht nur nahrhaft und wohlschmeckend, sondern auch so gesund wie möglich sind.

Ein Gärtner oder Bauer züchtet in der Regel Gemüse, das zum unmittelbaren Verzehr bestimmt ist. Aus dem Samenkorn zieht er eine Brokkolipflanze, erntet sie, sobald sie groß genug ist, und liefert sie an unseren Gemüsehändler, bei dem wir sie kaufen können. Wenn das erntefähige Gemüse aber nicht geerntet wird, kann es Samen ausbilden.

Sehen wir uns den Brokkoli, den wir beim Gemüsehändler gekauft haben, doch einmal genauer an: Er besteht aus vielen Röschen, den noch unentwickelten Blütenständen. Hätte der Bauer den Brokkoli nicht geerntet, sondern auf dem Feld gelassen, dann hätten wir beobachten können, wie aus diesen kleinen grünen Knubbeln gelbe Blüten werden, die Samen hervorbringen – Samen, aus denen neuer Brokkoli entsteht, der aber auch als Tierfutter und an uns Sprossengärtner verkauft wird.

In der konventionellen Landwirtschaft kommen zahlreiche Pflanzenschutzmittel und Kunstdünger zum Einsatz, deren Bestandteile aus Erdöl gewonnen werden. Diese Chemikalien werden von den Pflanzen aufgenommen. Da jedoch Pflanzen, aus denen neues Saatgut gewonnen wird, länger auf dem Feld bleiben als zum Verzehr bestimmte, nehmen sie mehr Schadstoffe auf.

Vom Zeitpunkt der Aussaat bis zu ihrer Ernte kommen Erzeugnisse aus konventioneller Landwirtschaft mit zahlreichen chemisch hergestellten Produkten in Berührung. Konventionell angebaute Pflanzen sind nicht widerstandsfähig genug, um mit Schädlingen, Unkraut oder Krankheiten fertig zu werden, was erneut den Einsatz von Pflanzenschutzmitteln erfordert.

Die biologische Landwirtschaft verzichtet auf den Einsatz dieser Chemikalien und verfolgt stattdessen Anbaumethoden, für die ökologische Anbauverbände und der Gesetzgeber klare Vorgaben geschaffen haben. Diese Pflanzen werden gut mit Schädlingen und Krankheiten fertig und gedeihen dennoch prächtig. Pflanzengesundheit beginnt mit einem gesunden Boden und gesundem biologisch angebauten Saatgut.

Als heimische Sprossengärtner wollen wir natürlich Sprossen aus biologischem Saatgut essen, das nicht mit Pestiziden, Herbiziden und Fungiziden oder mit Kunstdünger belastet ist. Welcher normale Mensch will so etwas denn überhaupt essen? Mit dem Kauf von biologischem Saatgut unterstützen wir zudem die Biohöfe und -gärtnereien, die dieses Saatgut produzieren – und nicht die industrialisierte Landwirtschaft.

Das für die Sprossenzucht bestimmte Saatgut wird nach dem Grad seiner Keimfähigkeit ausgewählt und wie Salat oder anderes frisches Gemüse geerntet und gereinigt. Saatgut, das als Tierfutter oder zur erneuten Aussaat vorgesehen ist, wird dagegen behandelt wie andere Agrarprodukte, die nicht für den menschlichen Verzehr bestimmt sind. Für menschlichen Verzehr erzeugte Samen und Keimsaaten sollten ferner auf Salmonellen, Eschericha coli, Listerien und andere Mikroorganismen überprüft werden, um sicherzustellen, dass sie frei von Bakterien sind.

Doch worin besteht der Unterschied zwischen den Samen, die wir im Laden selbst abfüllen oder abgepackt kaufen können, und den Samen für die Sprossenzucht? Samen zum Sprossenziehen müssen frisch sein. Ihre Keimfähigkeit nimmt bei längerer Lagerung und ungünstigen Temperaturen stetig ab. Darüber hinaus sollten sie auf Keimfreiheit getestet sein. Abgepackte Samen oder solche zum Selbstabfüllen müssen hingegen nicht keimfähig sein und nicht überprüft werden, weil sie zum Kochen bestimmt sind.

## GIFTSTOFFE IN SAMEN

Von den kleinen Alfalfasamen über Melonenkerne bis hin zur Eichel – alle Samen enthalten natürliche Giftstoffe. Ohne sie wären die Samen Bakterien, Pilzen und dem Gefressenwerden schutzlos ausgeliefert. Dann würde es die Pflanze bald nicht mehr geben.

Diese Giftstoffe werden beim Keimen abgebaut. Darum können wir Sprossen ohne Bedenken essen. Die Menge der enthaltenen Giftstoffe hängt auch von der Größe der Samen ab. Manche Menschen reagieren mit Magenproblemen auf den Verzehr von Sprossen, die aus größeren Samen gezogen wurden. Ein Grund dafür kann aber auch ihr Protein- und Stärkegehalt sein, der sie für manche schwer verdaulich macht. Manchmal ist es hilfreich, die Sprossen von Hülsenfrüchten sanft zu erwärmen und sie kurz in der Pfanne zu schmoren oder in der heißen Suppe ziehen zu lassen. Wenn Sie aber eine bestimmte Sprossensorte nicht vertragen und auch das Erwärmen nicht hilft, dann sollten Sie diese Sprossen nicht mehr essen. Die Auswahl ist groß, es gibt genügend andere Sprossensorten.

## SAMEN MISCHEN

Samen zu mischen ist ganz einfach und die kulinarischen Resultate sind sehr schmackhaft. Kombinieren Sie Samen unterschiedlicher Farbe und Größe, aber auch Ton in Ton gehaltene Samenmischungen sehen gut aus. Oder Sie mischen runde Samen wie die der Erbse mit den länglichen von Mung- und Azukibohne.

Beim Mischen sollten Sie allerdings ein paar Grundregeln beachten. Erstens: Mischen Sie nur Samen, die etwa die gleiche Zeit zum Keimen brauchen. Andernfalls ist ein Teil der Sprossen noch zu klein und schmeckt nach nichts oder die Sprossen mit kürzerer Keimdauer sind schon zu groß und enthalten keine Nährstoffe mehr.

Zweitens: Machen Sie die Geschmacksprobe. Mögen Sie Ihre Sprossenmischung? Passen die einzelnen Zutaten geschmacklich zusammen? Haben Sie die Schärfe des Rettichs gut mit dem milden Geschmack des Rotklees in Einklang gebracht? Schmeckt die Mischung insgesamt zu mild oder eher zu würzig?

Regeln werden aber auch gemacht, um gegen sie zu verstoßen. Mischen Sie also ruhig mal Samen mit unterschiedlicher Keimdauer. Wenn es sich dabei nur um ein oder zwei Tage handelt, ist das kein Problem. Linsen brauchen z. B. nur zwei Tage zum Keimen. Man kann sie mit Alfalfa, Rotklee und Radieschen mischen und so lange keimen lassen, bis das Mini-Blattgemüse geerntet werden kann. Mit anderen Samen gemischt schmecken Linsen wunderbar, ohne ihren Nährstoffgehalt einzubüßen.

Schleim bildende Samen wie Chia, Leinsamen, Rucola und Kresse passen gut zusammen. Sie können sie aber auch mit kleinen Mengen von anderen Samen mischen. Dabei sollten die Schleim bildenden Samen aber nicht mehr als 15 bis 25 Prozent der Mischung ausmachen, da sich die gelartige Substanz, die sich beim Kontakt der Samen mit Wasser bildet, auch als Schicht über die anderen Samen legt. Solange diese Schicht ganz dünn ist, macht das nichts. Ist der Anteil schleimiger Samen aber zu hoch, findet keine Keimung mehr statt.

Buchweizen und Sonnenblume lassen sich ebenfalls gut mischen. Die Kombination mit anderen Samen ist schwieriger, weil diese beiden Samensorten eine sehr lange Keimdauer haben und die Sprossen zudem sehr lang werden. Die Keimsaaten unterschiedlicher Getreidesorten lassen sich gut zu einem „Grasmix" zusammenstellen. Ein oder zwei Tage lang gekeimtes Getreide ist, mit Hülsenfrüchten gemischt, ein süßes Kauerlebnis. Rettich- und Senfsamen peppen mildere, süßere Sprossen auf. Wenn Sie eine bestimmte Sprossensorte besonders gern essen, sollten Sie diese unbedingt auch einmal als Mix mit anderen Samen ausprobieren. Sprossenmischungen haben auch den Vorteil, dass sie uns mit einem breiteren Nährstoffangebot versorgen.

## KÜRBIS- UND SONNENBLUMENKERNE, SESAM UND NÜSSE

Sprossengärtner wählen manche Samen auch aus, weil diese eine natürliche Quelle für bestimmte Nährstoffe sind. Gute Fette und Eiweiße in leicht verwertbarer Form finden sich z. B. in geschälten Kürbis- und Sonnenblumenkernen, in Sesam (geschält und ungeschält) sowie bestimmten Nüssen. Sie sind eine wertvolle Ergänzung einer sprossenreichen Ernährung.

Doch Kürbiskerne, Sesam und Nüsse keimen nicht mehr, sobald die Schale entfernt wurde. Um sie leichter verdaulich zu machen, sollten Sie sie über Nacht in Wasser einweichen. Das Einweichwasser abgießen, die Samen unter frischem Wasser spülen und gut abtropfen lassen, sodass die Samen zwar noch feucht sind, sich aber kein stehendes Wasser bilden kann. Durch das Einweichen wird ein chemischer Prozess in Gang gesetzt, bei dem Eiweiße in Aminosäuren und Fette in Fettsäuren umgewandelt werden, die leichter verwertbar sind.

Geschälten Sesam erkennen Sie an seiner leicht gelblich weißen Farbe, während ungeschälter Sesam dunkler ist. Manche nehmen wegen des Geschmacks für Sesammilch oder -butter lieber geschälten Sesam, dieser ist jedoch nicht mehr keimfähig. Sesam sollten Sie nach dem Einweichen nur ein bis zwei Tage lang keimen lassen, da die Sprossen sonst bitter werden. Mit geschältem und ungeschältem Sesam können Sie Salate und Suppen knusprig garnieren. Die geschälten, silberfarbenen Sonnenblumenkerne bilden nach ein paar Tagen kleine, knackige Sprossen – nicht zu verwechseln mit den größeren grünen Sprossen, die man aus den ungeschälten Samen ziehen kann. Sie enthalten kein Chlorophyll, doch ihr Geschmack und ihr Biss verleihen jedem Gericht eine besondere Note. Naschen Sie doch mal mit Dressing angemachte Sonnenblumensprossen statt Kartoffelchips mit Dip.

Geschälte Kürbiskerne sind grün und schmecken köstlich, doch einen Kürbis können Sie daraus nicht mehr ziehen. Über Nacht eingeweicht sind sie leichter verdaulich. Trocken in der Pfanne geröstete Kürbiskerne sind ein köstliches Vergnügen. Dafür die (nicht eingeweichten) Kerne ohne Öl ein paar Minuten rösten, bis sie aufplatzen und leicht bräunlich werden. Einen Spritzer Tamari darübergeben und fertig ist die Edelknabberei, die Sie auch mit nicht eingeweichten Sonnenblumenkernen probieren können.

Aus Nüssen kann man keine Sprossen ziehen, doch durch Einweichen werden sie leichter verdaulich und im Geschmack etwas süßlicher.

## SAMEN LAGERN

Lagern Sie Samen am besten bei einer Temperatur von 15 °C oder darunter, ideal dafür sind Kühlschrank oder Gefriertruhe. Die Temperatur im Kühlschrank liegt gewöhnlich zwischen ca. 0 °C und 4 °C, in der Gefriertruhe bei -18 °C. In Kühlschrank oder Gefriertruhe halten sich Ihre Samen etwa ein bis zwei Jahre. Durch lange Lagerung und ungünstige Temperaturen büßen die Samen jedoch ihre Keimfähigkeit ein. Wenn Sie Samen in der Vorratskammer oder im Küchenschrank lagern, müssen Sie darüber hinaus, vor allem bei biologischen Samen, mit Schädlingsbefall rechnen.

Für die Lagerung von Samen über einen längeren Zeitraum eignen sich Glas- und Kunststoffgefäße oder auch Vakuumbeutel. Der entscheidende Punkt dabei ist jedoch, dass die Lagertemperatur 15 °C nicht überschreiten sollte.

Mit einem kleinen Trick können Sie die Keimfähigkeit und die Keimrate von frischen und älteren Samen bestimmen. Zählen Sie 100 Samenkörner ab und legen Sie sie ein paar Tage lang auf feuchtes (nicht nasses!) Küchenkrepp, das Sie während dieser Zeit weiter feucht halten. Nach ein paar Tagen fangen die Samen an zu keimen. Zählen Sie die gekeimten Samen und errechnen Sie die Keimrate: 65 gekeimte Samen entsprechen einer Keimrate von 65 Prozent, 90 einer Keimrate von 90 Prozent. Die Keimrate von Samen sollte über 80 Prozent liegen. Nicht mehr keimfähige Samen fangen mit der Zeit an zu faulen und mit ihnen auch die noch keimfähigen Samen.

# WELCHE MENGE SPROSSEN ZIEHT MAN AM BESTEN?

IST ES BESSER, NUR SO VIELE SPROSSEN ZU ZIEHEN, WIE MAN TÄGLICH VERBRAUCHT, ODER DOCH LIEBER EIN BISSCHEN MEHR? UND MIT WELCHEM AUFWAND IST DAS JEWEILS VERBUNDEN? BEIDES HAT SEINE VORTEILE UND BEFÜRWORTER – UND LÄSST SICH AUCH KOMBINIEREN.

Jeweils nur kleine Mengen Sprossen zu ziehen dürfte für viele Familien und Singles die bessere Wahl sein. Dennoch erfordert die heimische Sprossengärtnerei täglich Ihre Aufmerksamkeit, und besonders, wenn Sie nur kleine Mengen von jeder Sorte ziehen, sollten Sie unbedingt einen gewissen Rhythmus einhalten, um nicht den Überblick zu verlieren. Setzen Sie die erste Sprossenkultur am Montag an, die zweite am Dienstag und eine dritte am Mittwoch, wenn bei der Montagskultur, sofern Sie blättrige Sorten angesetzt haben, schon die ersten Blättchen sprießen. Waren unter Ihrer Montagskultur auch Samen von Hülsenfrüchten, dann können Sie schon am Dienstag die Sprossen für das Mittag- und Abendessen einplanen. Wenn Sie also jeweils nur kleine Mengen Sprossen ziehen, haben Sie mehr Abwechslung und Frische.

Doch auch die Anzucht einer größeren Menge Sprossen auf einmal hat ihre Vorteile. Sie müssen sich nicht täglich um viele kleine Kulturen kümmern, der Aufwand an Zeit und Arbeit ist somit deutlich geringer.

Wenn Sie z. B. am Freitag eine große Schale Hülsenfrüchte ansetzen, können Sie am Montag die ersten Sprossen ernten und sind die ganze Woche über versorgt, da Sie die fertigen Sprossen im Kühlschrank aufbewahren können. Auch Grünkraut wie z. B. von Erbsen ziehen Sie am besten gleich in größeren Mengen, da man sie gut zu Salaten verarbeiten und auch entsaften kann. Gräser sollten Sie ebenfalls in größeren Mengen ziehen, da dieSaftausbeute sehr gering ist.

Auch kleinere, grünblättrige Sprossen wie Alfalfa, Rotklee, Brokkoli oder Radieschen machen in größeren Mengen Sinn, da man sie so reichlich für Salate oder Sandwiches verwenden kann.

Letztlich ist es also eine Frage der Zeit und Ihrer individuellen Bedürfnisse, welche Menge Sprossen Sie ziehen.

# DIE PFLEGE VON SPROSSEN UND IHRE VERSORGUNG MIT NÄHR-STOFFEN

Sprossen brauchen in der Wachstumsphase etwas Zuwendung, denn schließlich sollen sie zu essbaren Pflänzchen heranwachsen. Die rechte Pflege wird Ihnen einen reichen Erntesegen bescheren.

## LICHT

Zimmerpflanzen, ganz gleich ob in Hydro- oder Erdkultur, brauchen die richtigen Lichtverhältnisse. Der Handel bietet eine ganze Palette von Pflanzenlampen mit unterschiedlicher Lichtstärke und Farbtemperatur an, um Zimmerpflanzen sozusagen „ins richtige Licht zu rücken". Und wenn Sie im Haus Gemüse ziehen wollen, so ist dafür eine andere Lichtausstattung erforderlich als für normale Zimmerpflanzen. Pflanzenlampen weisen eine geringe Wärmeentwicklung auf und sind mit Reflektoren ausgestattet, mit denen man den Abstrahlwinkel und die Lichtmenge regulieren kann. Zeitschaltuhren sind besonders in der Wachstumsphase nützlich.

Und nun die gute Nachricht für uns Sprossengärtner: Sprossen machen keine teure Lichtinstallation erforderlich. Das ganz normale Tageslicht, das durchs Fenster in unsere Küche fällt, reicht vollkommen aus. Stellen Sie erntefertige blättrige Sprossen einfach nach dem Frühstück in einen sonnigen Raum, und das Tageslicht sorgt für den Rest. Bereits zum Mittagessen sind die Sprossen grün, weil sich Chlorophyll gebildet hat.

Stellen Sie keimende, junge Sprossen nie direkt in die Sonne, sonst gehen sie ein. Im Grunde brauchen Samen zum Keimen gar kein Tageslicht, da der Keimprozess durch die Feuchtigkeit und die richtige Temperatur in Gang gesetzt wird. Wenn Sie Sprossen im Dunkeln keimen lassen, bilden die Samen stärkere Wurzeln und weniger „Kraut". Zu viel Licht lässt die Sprossen schießen, d. h., sie werden lang und dünn.

Ziehen Sie Sprossen aber an einem Ort, an dem sie kein oder nur wenig Tageslicht bekommen, wie z. B. im Keller oder in einer Vorratskammer, so müssen Sie für eine künstliche Beleuchtung sorgen. Dafür brauchen Sie sich aber nicht in Unkosten zu stürzen, eine einfache Pflanzenlampe aus dem Baumarkt reicht schon vollkommen aus. Sprossen sind schon mit wenig Licht zufrieden.

## BIOLOGISCHER DÜNGER

Mutter Natur hat in die Samen alles an Nährstoffen gepackt, was sie brauchen, um zu Keimlingen zu werden. Erst wenn ein Keimling sich zur Pflanze weiterentwickelt, muss er über die Wurzeln zusätzliche Nährstoffe aufnehmen. Durch die richtige Düngung können Sie den Nährwertgehalt ihrer Zöglinge steigern.

Biologische Dünger erhöhen den Gehalt Ihrer Sprossen an Mineralstoffen und Aminosäuren. Wenn wir unseren Körper mit den erforderlichen essenziellen Aminosäuren versorgen, kann er daraus in einer Art Baukasten-System die benötigten Proteine selbst herstellen. Diese Aminosäuren sind Histidin, Isoleucin, Leucin, Lysin, Methionin, Phenylalanin, Threonin, Tryptophan und Valin. Der Körper kann auch Fette und Kohlenhydrate selbst herstellen, nicht aber Mineralstoffe. Biologisch gedüngte Sprossen tragen dazu bei, dem Mineralstoffmangel in unserer Ernährung und den damit verbundenen Problemen vorzubeugen.

Eine biologische Düngung ist vor allem dann nötig, wenn wir Sprossen aus Gräsern sowie aus Sonnenblumenkernen, Buchweizen oder Erbsen ziehen. Diese Sprossen brauchen zum Keimen ein paar Tage länger, da sie größer werden. Eine Extraportion an biologischem Dünger unterstützt ihr Wachstum.

Verwenden Sie aber ausschließlich biologischen Dünger für Ihre Sprossenzucht. Empfehlenswert sind z. B. Algendünger oder EM1. Dünger kann sowohl bei der Anzucht in Erde als auch bei Hydrokultur eingesetzt werden, verwenden Sie jedoch nur Gemüsedünger und halten Sie sich beim Ansetzen des Düngemittels genau an die Anweisungen des Herstellers.

Sie können den Dünger auch dem Einweichwasser der Samen zugeben. Das Einweichen der Samen ist der wichtigste Schritt der Sprossenzucht, denn hier wird der Same aus seiner Keimruhe geweckt und verwandelt sich in einen lebenden Keimling. Eine weitere Möglichkeit ist, die Sprossen nach dem Wässern und Abgießen mit in Wasser verdünntem Dünger zu besprühen. Wenn Sie Gräser oder Grünkraut in Erde ziehen, sollten Sie die Pflanzen in Wurzelnähe mit der Düngerlösung einsprühen.

## WASSER

Damit aus einem Samen ein Keimling werden kann, braucht er Wasser. Hat er genügend Wasser und herrscht zudem die richtige Temperatur, so wächst er sogar zwischen Pflastersteinen und durch Asphalt. Während das Samenkorn in der freien Natur auf ausreichend Regen angewiesen ist, haben wir die Möglichkeit, den kleinen Schläfer mit $H_2O$ verschiedenster Herkunft aus seiner Keimruhe zu wecken.

Manche Haushalte haben ihr eigenes Quellwasser, andere hängen an der städtischen Wasserversorgung und wieder andere kaufen ihr Trinkwasser in Flaschen.

Achten Sie auf die Wasserqualität und verwenden Sie ausschließlich frisches, sauberes Wasser. Nur weil Sie Sprossen ziehen wollen, müssen Sie nicht ab sofort nur gefiltertes Wasser verwenden. Wollen Sie dies aber dennoch tun, so haben Sie die Auswahl zwischen einer ganzen Reihe von Filtersystemen – fürs ganze Haus oder nur für den Wasserhahn in der Küche. Doch Vorsicht: Sollte Ihnen jemand einreden wollen, Sie bräuchten für Ihre Sprossengärtnerei unbedingt eine besondere oder bestimmte Filteranlage, so hat er es nur auf Ihr Geld abgesehen. Verwenden Sie ruhig weiter das Wasser, das Sie immer benutzt haben.

## TEMPERATUR

Samen wollen keimen. Das ist ihre Bestimmung und dazu sind sie da. Sie sind die Träger neuen Lebens, und unter den richtigen Bedingungen sprießen sie ganz von selbst.

Wenn Sie sich vor Augen halten, was draußen in der Natur geschieht, wenn ein Samenkorn keimt, dann wissen Sie, welche Bedingungen Sie in Ihrer häuslichen Sprossengärtnerei schaffen müssen. Sobald im Frühling die Temperaturen über 18 °C steigen, sich der Boden infolge der längeren Sonneneinstrahlung erwärmt und mehr Regen fällt, wenn es also mit anderen Worten warm und feucht genug ist, dann können selbst Asphalt und Pflastersteine einen Samen nicht vom Keimen abhalten, denn alles, was er braucht, um ein Keimling zu werden, ist ihm sozusagen von klein auf in die Schale gelegt.

Für Ihre häusliche Sprossenzucht müssen Sie also vergleichbare Bedingungen schaffen (Pflastersteine und Asphalt können Sie aber getrost weglassen), d. h., die Temperatur sollte bei etwa 18 °C liegen. Sprossen mögen keine Zugluft, die ihr Wachstum beeinträchtigen kann. Zugluft kann z. B. entstehen, wenn der Keimapparat an einer Außenmauer steht, selbst wenn das Gebäude wärmeisoliert ist. Stellen Sie also in der kalten Jahreszeit Ihren Keimapparat an einer Innenwand auf. Wenn Sie eine eher kalte Wohnung haben oder wenn Sie das Wachstum Ihrer Sprossen beschleunigen wollen, sollten Sie es mal mit einer Pflanzen-Wärmeplatte versuchen, die Sie unter den Keimapparat legen. Allerdings können diese Platten die Sprossen auch austrocknen, obwohl sie nur sehr wenig Wärme abgeben. Möglicherweise müssen Sie also Ihre Sprossen dann öfter wässern. Sobald die Samen gekeimt sind, können Sie die Wärmeplatte wieder entfernen.

## SPROSSEN UND HYGIENE

„Krank durch Sprossen!" – wir alle kennen solche Schlagzeilen. Escherichia coli, Salmonellen, Listerien und Konsorten scheinen nur auf eine günstige Gelegenheit zu warten, um dem heimischen Sprossengärtner ins Handwerk zu pfuschen und die Früchte seiner Arbeit zu verderben. Bakterien können Sie weder sehen, riechen noch schmecken, dennoch sind sie da und stellen eine ernste Gefahr dar, der man aber mit den richtigen Maßnahmen begegnen kann.

Der erste Schritt zur Vermeidung gesundheitlicher Risiken ist, dass man nur biologisch angebautes Saatgut von zuverlässigen Anbietern verwendet, die das Siegel eines Produktionsverbandes tragen.

Zweitens sollten Sie Ihre Keimapparate unbedingt gründlich in warmem Wasser mit Spülmittel reinigen und danach heiß abspülen. Keimgläser können Sie in den Geschirrspüler geben. Bestimmte Keimapparate aus Kunststoff sind ebenfalls spülmaschinenfest, doch lesen Sie sich sicherheitshalber vorher die Pflegeanleitung des Herstellers durch. Und stellen Sie, sofern Sie die Möglichkeit haben, Keimapparate möglichst zum Trocknen in die Sonne, da Bakterien Sonne nicht mögen.

Drittens sollten Sie Ihre Hände mindestens 20 Sekunden unter warmem Wasser mit Seife reinigen, bevor Sie Samen oder Sprossen, sei es zum Wässern oder zum Verzehr, anfassen. Da wir im Laufe des Tages ständig mit Bakterien in Berührung kommen, ist es ohnehin empfehlenswert, sich vor jeder Mahlzeit die Hände zu waschen, um Krankheitskeime nicht direkt aufzunehmen.

Verwenden Sie viertens zum Einweichen, Wässern, Spülen usw. ausschließlich sauberes, frisches Wasser. Die Herkunft des Wassers ist hier sehr wichtig. Die öffentlichen Wasserversorger kontrollieren die Qualität des Trinkwassers. Und wenn Sie einen eigenen Brunnen haben, können Sie sich an Ihr zuständiges Gesundheitsamt wenden und sich Adressen von zugelassenen Laboratorien zur Trinkwasseranalyse geben lassen.

Für gewerbliche Sprossenzüchter gelten die gesetzlichen Vorschriften zur Lebensmittelhygiene, doch auch in der heimischen Sprossenzucht kann man die Samen desinfizieren.

Lösen Sie ½ Teelöffel 35-prozentiges Wasserstoffperoxid in ½ Liter Wasser auf und weichen Sie die Samen in dieser Lösung 5 Minuten lang ein. Danach gründlich (mindestens 3-mal) mit frischem Wasser spülen.

Vermeiden Sie Schmierinfektionen. Fassen Sie Sprossen oder anderes Gemüse nicht an, wenn Sie gerade mit rohem Fleisch, Fisch oder Eiern hantiert haben. Halten Sie diese Dinge streng voneinander

getrennt. Reinigen Sie auch regelmäßig die Arbeitsfläche gründlich, bevor Sie andere Lebensmittel zubereiten. Verwenden Sie für Gemüse ein anderes Schneidebrett als für Fleisch. Und nehmen Sie keinesfalls das Einweich- oder Spülwasser der Sprossen zum Trinken oder Kochen, denn es kann toxische Abbauprodukte des Keimprozesses und Bakterien enthalten. Wenn Sie es nicht wegschütten wollen, können Sie damit Ihre Blumen gießen.

Als Sprossenzüchter sollten Sie peinlich darauf achten, keinen Tummelplatz für Schimmel und Bakterien zu schaffen. Besonders Sprossentürme aus Kunststoff bieten ideale Bedingungen für Bakterien und Schimmel, da sie eine relativ geringe Luftzirkulation aufweisen und das warme Kunststoffmaterial eine ausgezeichnete Brutstätte ist. Wässern Sie die oberste Schale, so wandern mit dem Tropfwasser auch Bakterien in die unteren Schalen.

Wenn Sie also einen Sprossenturm verwenden, sollten Sie jede Schale einzeln wässern. Warten Sie, bis das Wasser abgelaufen ist, und setzen Sie die Schalen erst dann wieder aufeinander. So kommt jede „Etage" nur mit frischem Wasser in Berührung und zudem wird der Luftaustausch verbessert. Diese Methode nimmt zwar etwas mehr Zeit in Anspruch, ist dafür aber um einiges sicherer.

Wenn Sie sich an diese Hygieneregeln halten, ist die häusliche Sprossenzucht vollkommen unbedenklich und bereitet Ihnen das ganze Jahr Freude.

SALMONELLEN

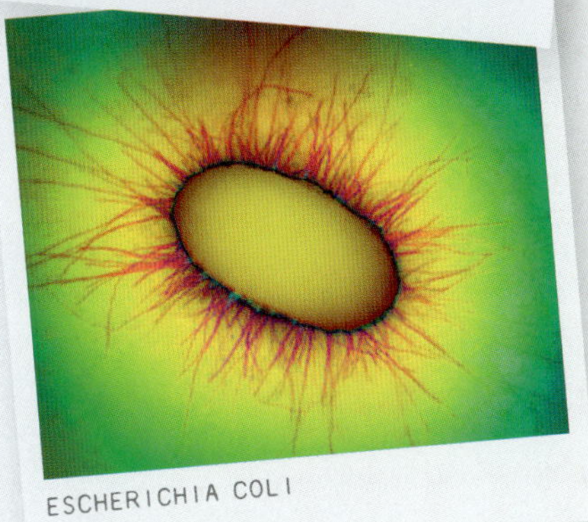

ESCHERICHIA COLI

# DER SPROSSEN-DOKTOR

Manchmal kümmern unsere Sprosssen aber vor sich hin, weil ihnen unsichtbare Feinde zusetzen. Haben wir diese jedoch ausfindig gemacht, können wir unseren Sprossen aus der Not helfen und möglichen Rückfällen vorbeugen.

## SCHIMMEL, MEHLTAU UND KLEINE HÄRCHEN

Was ist dieses weiße Zeug auf meinen Sprossen? Schimmel? Mehltau? Oder etwas anderes Ekelhaftes? Nicht unbedingt. Wenn unsere Sprossen durstig sind, bilden ihre Wurzeln mikroskopisch kleine Wurzelhärchen aus, die aus der Luft Feuchtigkeit aufnehmen. Dass wir sie trotz ihrer Winzigkeit sehen können, liegt einfach daran, dass es so viele sind.

Würde es sich um Mehltau oder Schimmel handeln, so würde der Belag unangenehm riechen und hätte eine gräuliche oder blaugraue Farbe. Er würde sich schleimig anfühlen und wäre durch Spülen nicht zu beseitigen.

Wurzelhärchen hingegen riechen nicht, sind weiß wie eine Wolke, fühlen sich nicht schleimig an und lassen sich spülen, um kurz darauf wieder da zu sein.

Was tun? Spülen Sie Ihre Sprossen einfach etwas länger. Sie vertreten Mutter Natur, also geben Sie ihnen das Wasser, das sie brauchen. Und singen Sie ihnen beim Spülen ein Liedchen: „Ich bin ganz verschossen in meine kleinen Sprossen ..." Glauben Sie mir, dieses Lied mögen sie! Bringen Sie Ihre Frisur in Ordnung oder putzen Sie sich die Zähne, während Ihre Kleinen sich im Wasser aalen. Gießen Sie erst dann die Sprossen ab und achten Sie darauf, dass sich keine Staunässe durch stehendes Wasser bildet. Sie können es auch mit einem Extra-Spülgang versuchen. Wichtig ist dabei, dass die Pflänzchen einfach mehr Zeit im Wasser verbringen. Dann sollte sich auch das Problem mit den Wurzelhärchen von selbst erledigen.

Schimmel entsteht durch Feuchtigkeit und Wärme. Um Schimmelbildung zu verhindern, müssen Sie Ihren Sprossen also Abkühlung verschaffen, da der Keimprozess Wärme freisetzt. Ist es dann auch noch zu feucht, haben Sie ideale Bedingungen für Schimmelwachstum geschaffen. Um die Sprossen zu kühlen, können Sie sie auch für ein paar Stunden oder auch über Nacht in den Kühlschrank stellen. Ein Ventilator eignet sich gut zum Kühlen und sorgt zudem für eine bessere Luftzirkulation – das mag der Schimmel gar nicht. Und befüllen Sie vor allem in der warmen Jahreszeit Ihren Keimapparat nicht zu dicht mit Samen.

Bitte beachten Sie unbedingt noch Folgendes: Sollten Sie nicht sicher sein, ob Ihre Sprossen von Mehltau oder Schimmel befallen sind, entsorgen Sie die gesamte Kultur und sterilisieren Sie Ihren Keimapparat. Aber lassen Sie sich nicht entmutigen! Das kann jedem passieren, nicht nur Anfängern, sondern auch erfahrenen Sprossengärtnern. Versuchen Sie es einfach noch einmal.

SCHIMMEL AUF WEIZENGRAS

MÜCKE

FRUCHTFLIEGE

## FRUCHTFLIEGEN UND MÜCKEN

Kennen Sie auch diese lästigen kleinen Insekten, die immer um Ihre Sprossen oder Ihr Weizengras herumschwirren? Will man sie verscheuchen, erheben sie sich kurz in die Luft, um gleich darauf wieder in Ihrer frisch angelegten Sprossenplantage auf Safari zu gehen. Es gibt wohl keinen Sprossengärtner, der nicht schon einmal mit Fruchtfliegen zu tun gehabt hat.

Obwohl die meisten Leute diese Plagegeister korrekt als Fruchtfliegen identifizieren, verwechseln manche sie mit Mücken. Zwar sind beide Insekten, doch sie gehören verschiedenen Unterarten an. Mücken kennen wir vorzugsweise als Blutsauger, aber es gibt auch solche, die sich von Pflanzensaft ernähren.

In der Küche bekommen wir es hauptsächlich mit Fruchtfliegen zu tun, die wir mit Obst und Gemüse einschleppen. Die Fruchtfliegenweibchen legen ihre Eier auf dem Obst ab. Aus ihnen schlüpfen die Larven, die sich verpuppen und wieder zu ausgewachsenen Fruchtfliegen werden. Fruchtfliegen entwickeln sich nicht auf unseren Keimlingen, sie siedeln sich dort – angelockt durch Feuchtigkeit und Wärme – erst als erwachsene Tiere an. Doch auch das verdirbt uns die Laune.

Doch wie können Sie Abhilfe schaffen? Indem Sie Ihr Obst und Gemüse waschen, wenn Sie es nach Hause bringen, und dann im Kühlschrank lagern, statt es offen aufzubewahren. Fruchtfliegen mögen eine feuchte, warme Umgebung. Stellen Sie daher Ihre Sprossen für ein paar Stunden oder über Nacht in den Kühlschrank, um sie abzukühlen. Auch ein Ventilator, den Sie auf Ihre Sprossen richten, leistet gute Dienste, da Fruchtfliegen Luftzug nicht mögen. Wenn Sie Ihre Sprossen nicht so dicht säen, verbessert dies zudem die Luftzirkulation. Und bewahren Sie fertige Sprossen im Kühlschrank auf, dann können sich keine Fruchtfliegen darauf ansiedeln.

# SPROSSEN LAGERN

Doch wenden wir uns wieder dem Idealfall zu. Ihre Sprossen gedeihen prächtig, nachdem Sie sie vor drei Tagen angesetzt haben. Dass da etwas wächst und gedeiht, erkennen Sie an den winzigen Wurzeln und Blättchen, die aus der Samenschale hervorspitzen. Möglich geworden ist all das, weil Sie Ihre Sprossen 2-mal täglich gewässert und für die richtige Temperatur gesorgt haben. Als Lohn für Ihre Mühe winkt Ihnen in wenigen Tagen reicher Erntesegen.

Dann aber greift das Schicksal ein und Sie werden aus beruflichen Gründen fort von Ihren Sprossen gerufen oder Sie haben im Aussaat- und Ernteplan leider das Urlaubswochenende nicht berücksichtigt, Sie selbst oder ein Angehöriger werden krank – kurzum, es geht drunter und drüber. Was soll jetzt nur aus Ihren heranwachsenden Sprossen werden?

Da hilft nur eines: Die Sprossen spülen, gut abtropfen lassen, sodass kein stehendes Wasser zurückbleibt und die Sprossen nicht feucht sind, und dann in einem luftdicht schließenden Gefäß im Kühlschrank aufbewahren. Die Sprossen werden glauben, es sei plötzlich Winter geworden, und legen ein Nickerchen ein. Ihr Wachstum geht jedoch weiter, wenn auch verlangsamt, wie bei Gras, das unter der Schneedecke ganz langsam dem Frühjahr entgegenwächst. Ist in Ihrem Leben wieder Ruhe eingekehrt, holen Sie die Sprossen wieder aus dem Kühlschrank, gönnen ihnen ein schönes Bad und lassen Sie anschließend gut abtropfen. Sobald die Sprossen sich wieder an die höhere Temperatur gewöhnt haben, sprießen sie weiter, und schon nach ein paar Tagen können Sie die fertigen Sprossen ernten.

Auf diese Weise lassen sich Sprossen etwa eine Woche lang im Kühlschrank aufbewahren, länger jedoch nicht. Danach sollten Sie besser eine frische Kultur ansetzen.

Natürlich kann man seine frisch geernteten Sprossen auch sofort essen und genießen. Was aber tun, wenn Sie mehr Sprossen gezogen haben, als Sie verbrauchen können? Richtig, Sie lagern sie im Kühlschrank. Die Sprossen spülen, gut abtropfen lassen, sodass kein stehendes Wasser zurückbleibt und die Sprossen nicht feucht sind, dann in einem luftdicht schließenden Gefäß in den Kühlschrank stellen. Dort bleiben sie frisch und knackig. Sollten Sie die Sprossen mehrere Tage im Kühlschrank aufbewahren, wässern Sie sie zwischendurch und gießen sie erneut gut ab, damit sie nicht austrocknen. Aber vergessen Sie sie nicht im Kühlschrank!

Wenn Sie Gräser oder Sprossen in größeren Mengen ziehen, können Sie sich auf diese Weise einen Wochenvorrat anlegen, sodass Sie immer genug frischen Nachschub zum Essen oder Entsaften zur Hand haben.

Eine andere Möglichkeit, größere Mengen von Weizen- oder Gerstengras zu verarbeiten, ist, die ganze Ernte auf einmal zu entsaften und den frischen Saft in einer Eiswürfelschale einzufrieren. So können Sie bequem einzelne Portionen entnehmen und schnell auftauen. Natürlich ist es am besten, den Saft frisch zu trinken, doch auf diese Weise können Sie das grüne Lebenselixier auch noch zu einem späteren Zeitpunkt nutzen.

Und nicht vergessen: Die Sprossen warten schon auf Sie!

## DIE SCHALEN ENTFERNEN

Beim Keimen durchbricht der Keimling die schützende Samenschale, die er nun nicht mehr braucht. Die vollständig geöffneten Schalen werden abgeworfen und können sich mit den gekeimten Sprossen vermischen. Im Vergleich zu der natürlichen Süße der Sprossen schmecken diese Schalen häufig bitter, daher entfernen Sie sie vor dem Verzehr der Sprossen am besten.

Legen Sie dafür die Sprossenmenge, die Sie essen wollen, in eine mit frischem Wasser gefüllte Schale und schwenken Sie sie kräftig durch. Dabei lösen sich die kleinen Hülsen und schwimmen oben auf dem Wasser, sodass Sie sie leicht abschöpfen können. Blättrige Sprossen spülen Sie am besten direkt unter einem starken Strahl fließendem Wasser ab, bis alle Schalen entfernt sind. Manche Leute nehmen dafür auch eine Salatschleuder. Füllen Sie eine Salatschleuder mit Wasser und geben Sie die Sprossen hinein. Warten Sie, bis die Schalen an der Oberfläche schwimmen, und gießen Sie dann das Wasser ab. Schleudern Sie die Sprossen kurz. Dabei werden noch mehr Schalen entfernt. Unser Körper kann Samenschalen nicht verdauen. Wenn Sie sie mitessen, scheidet er sie einfach wieder aus. Größere Schalen wie die von Sonnenblumen- und Buchweizenkernen können der Verdauung etwas zu schaffen machen. Leider lassen sich diese mit den eben beschriebenen Techniken nicht so leicht entfernen, sodass eventuell Handarbeit angesagt ist. Doch das Zen des Schalenverlesens erleichtert bei guter Musik auch diese Tätigkeit. Und denken Sie immer daran: Am Ende werden Sie mit einem köstlichen Gericht aus frischen grünen Sprossen belohnt.

UM DIE SAMENSCHALEN ZU ENTFERNEN, GEBEN SIE DIE GEERNTETEN SPROSSEN IN FRISCHES WASSER UND RÜHREN DARIN KRÄFTIG MIT DER HAND HERUM.

# SPROSSEN UND DAS LIEBE GELD

Sprossen gibt es vielerorts zu kaufen. Einige Erzeuger vertreiben ihre Produkte über Naturkostläden oder Lebensmittelgeschäfte, wo sie bestenfalls im Kühlregal oder in der Gemüseabteilung abgepackt liegen. Oft tragen diese Sprossen, bei denen es sich um gängige Sorten wie Alfalfa, Mungbohnen, Rotklee, Rettich und Brokkoli handelt, ein Bio-Siegel. Naturkostläden und Saftbars bieten auch frisches Weizengras an, das Sie zu Hause selbst entsaften können. Teilweise werden auch auf Wochenmärkten Sprossen angeboten, dort finden Sie vielleicht auch seltenere Sorten wie Zwiebel, Knoblauch, Sonnenblume oder Zuckererbsen.

Selbst wenn Sie nur kleine Mengen fertiger Sprossen kaufen, kann das schnell ins Geld gehen, wenn Sie täglich Sprossen essen, denn eine Schale kostet oft zwei Euro oder mehr. Essen Sie gar täglich mittags und abends Sprossen, brauchen Sie für sich allein schon eine Schale pro Tag. Multiplizieren Sie den Preis einer Schale dann noch mit der Zahl Ihrer Familienmitglieder, kommt schnell ein ordentlicher Betrag zusammen, der im Laufe der Zeit auch noch höher werden kann.

Wenn Sie dann noch fertiges Weizengras zum Entsaften kaufen, wird es ganz schnell richtig teuer, da Sie schon für ein paar Milliliter Saft ziemlich viel Weizengras brauchen.

Wie Sie sehen, kann sich die Anschaffung von Keimgeräten und allem, was Sie zum Sprossenziehen sonst noch brauchen, schnell bezahlt machen.

Sie brauchen ja nur ein Keimgerät, Samen aus biologischem Anbau und reines Wasser, wenn Sie Ihre tägliche Ernährung um dieses schmackhafte Gemüse bereichern wollen. Haben Sie dann Ihre bevorzugte Keimmethode gefunden, so wird Ihnen Ihr Keimgerät einige Jahre lang gute Dienste leisten.

Sie müssen sich nur vor Augen halten, dass Sie aus 25 Gramm winziger Samen, etwa Alfalfa oder Brokkoli, sage und schreibe 400 Gramm Sprossen ernten können. Der Verzehr von nur 50 Gramm Mini-Blattgemüse am Tag genügt schon, um eine positive Veränderung in Ihrem Körper zu bewirken. Und 200 Gramm Hartweizen ergeben genügend Weizengras, um mehrere Milliliter Saft daraus zu pressen. Aus ½ Tasse Hülsenfrüchtesamen können Sie mehr als eine Tasse Sprossen ziehen. Das ist mehr, als Sie mittags oder abends für eine Portion brauchen.

Natürlich ist es bequem und verlockend, Sprossen fertig zu kaufen. Sie schieben Ihren Einkaufswagen durch die Gemüseabteilung und nehmen sich eine Schale. Zu Hause stellen Sie sie in den Kühlschrank, um sie irgendwann zu essen. Wie sieht es dagegen mit dem Bequemlichkeitsfaktor aus, wenn Sie Ihre Powernahrung im eigenen Sprossengarten ernten? Sie weichen die Samen über Nacht ein, füllen Sie in den Keimapparat, wässern oder spülen sie und gießen sie 2-mal täglich ab. Mit einem Zeitaufwand von wenigen Minuten am Tag können Sie ganz frische Sprossen ernten. Machen Sie doch selbst mal eine kleine Sprossenbilanz:

## IM LAUFE DER JAHRE MACHT SICH EIN KEIMAPPARAT MEHR ALS BEZAHLT.

Der Preis für 1 Pfund Samen beträgt nur ein Bruchteil dessen, was Sie für „fertiges" Bio-Gemüse bezahlen.

Für die Zeit, die Sie in Ihre Sprossenzucht investieren, werden Sie mit selbst gezogenen Sprossen reichlich entschädigt.

Eine gut organisierte Haushaltsführung macht Einsparungen möglich – ein Grund mehr, der eindeutig für eine Selbstversorgung mit Sprossen spricht.

TEIL II

# SPROSSEN ZIEHEN – SO WIRD'S GEMACHT

## KAPITEL 4

# HÜLSEN-FRÜCHTE

OB LINSEN, MARKERBSEN, ZUCKERERBSEN, MUNGBOHNEN, SOJABOHNEN, SCHWARZE BOHNEN, AZUKIBOHNEN ODER KICHERERBSEN – SPROSSEN VON HÜLSENFRÜCHTEN SIND UNSERE BESTEN EIWEISSLIEFERANTEN. SIE KEIMEN SCHNELL, SCHMECKEN MILD UND SIND KNACKIG IM BISS. WENN SIE DIE SPROSSEN ERST KURZ VOR DEM SERVIEREN ZU SUPPEN UND PFANNENGERICHTEN GEBEN, BLEIBEN IHRE NÄHRSTOFFE ERHALTEN.

Der Verzehr von Sprossen größerer Hülsenfrüchte wie Sojabohnen, Erbsen, Markerbsen, Kichererbsen, Pinto- und Kidneybohnen kann bei manchen Menschen zu Magenproblemen führen. Wenn Sie sie dämpfen oder kurz mitgaren, sind sie besser verträglich. Die zugeführte Hitze vereinfacht das Verdauen der Sprossen und sie werden magenfreundlicher. Sollten Sie aber trotz allem weiterhin Schwierigkeiten haben, weichen Sie besser auf kleinere Sorten wie Linsen, Mung- und Azukibohnen aus, die leichter verdaulich sind.

Hülsenfrüchte sind fettarm. Sojabohnen enthalten aber einen geringen Anteil gesättigter Fettsäuren und werden daher zur Herstellung von Öl und Margarine genutzt. Wie andere Gemüsesorten enthalten sie kein Cholesterin, sind natriumarm und stecken voller guter Kohlenhydrate, die unser Körper braucht. Hülsenfrüchte sind glutenfrei sowie reich an Mineralstoffen und Vitaminen. Gekeimte Hülsenfrüchte sind zudem ballaststoffreich. 100 Gramm Hülsenfrüchte-Sprossen in kleinen Portionen über den Tag verteilt zu essen ist eine einfache Möglichkeit, die Ernährung mit wichtigen Nähr- und Ballaststoffen zu bereichern.

# HÜLSENFRÜCHTE IM SPROSSENGLAS KEIMEN

Erbsen, Mark- und Kichererbsen mögen es zum Keimen etwas kühler. Wenn Sie merken, dass Ihre Sprossen nicht so recht „in Gang kommen" oder dass sich Schleim bildet, stellen Sie sie täglich für ein paar Stunden in den Kühlschrank. Dieser kurze Winterurlaub bringt die Kleinen wieder auf Trab.

Jede Keimsaat enthält ein paar Samen, die einfach kein Wasser absorbieren wollen. Die meisten dieser „Keimverweigerer" scheint es bei Mung- und Azukibohnen zu geben. Manchmal hilft es, die Samen länger einzuweichen (bis zu 24 Stunden lang, wobei das Einweichwasser nach 12 Stunden gewechselt wird) und so die Keimrate zu verbessern. Wenn Sie die Samen 2-mal täglich wässern und spülen, wird die Bildung von Bakterien verhindert und Sie sorgen damit für eine gute Durchlüftung.

Hülsenfrüchte keimen schnell und können meist schon nach 2 Tagen geerntet werden. Danach werden sie bitter und zäh. Mit einer Geschmacksprobe finden Sie Ihren bevorzugten Erntezeitpunkt.

2

3

4

**1** Halten Sie sich an die Tipps im Abschnitt „Sprossen und Hygiene" (Seite 50 f.): Sprossenglas und Deckel in warmem Wasser mit Spülmittel reinigen, dann heiß abspülen. Nur sauberes, frisches Wasser verwenden. Hände waschen, bevor Sie Samen oder Sprossen anfassen.

**2** Die gewünschte Menge Samen abmessen und in das Glas füllen.

**3** Sprossenglas unter dem Wasserhahn mit kühlem Wasser füllen.

**4** Die Samen über Nacht einweichen (8 bis 10 Stunden). Bei längerer Einweichzeit (bis zu 24 Stunden) das Einweichwasser nach 12 Stunden wechseln.

**5** Falls Sie Dünger verwenden: Geben Sie diesen ins Einweichwasser oder versorgen Sie die keimenden Samen per Sprühflasche mit Düngerlösung.

6

8

**6** Sprossenglas zuschrauben, schräg halten und das Wasser vollständig ablaufen lassen. Das Glas sollte nur noch die feuchten Samen enthalten. Vermeiden Sie stehendes Wasser!

**7** Sprossenglas mit frischem Wasser füllen. Lassen Sie den Samen mindestens 1 Minute Zeit, sich genüsslich vollzusaugen. Gut abgießen, sodass kein stehendes Wasser zurückbleibt. Das Wässern ist nicht nur für den Keimprozess wichtig, es schwemmt auch Bakterien aus.

**8** Sprossenglas mit dem Deckel nach unten schräg aufstellen, sodass eventuell noch vorhandenes Wasser abtropfen kann. Dies beugt der Bildung von Bakterien vor, die sich in stehendem Wasser rasch ausbreiten können.

**9** Die Samen ca. alle 12 Stunden, mindestens aber 2-mal täglich, wässern und gründlich abgießen. Halten Sie beim Wässern und Abgießen einen festen Zeitplan ein. Ihre Sprossen werden Ihnen das tägliche Bad mit freudigem Wachstum danken. Unregelmäßiges Wässern kann das Wachstum ungünstig beeinflussen.

**10** Die Samen von Hülsenfrüchten sind ab dem ersten Einweichen in der Regel nach 2 Tagen verzehrfertig.

**11** Und zu guter Letzt: ernten und genießen.

# HÜLSENFRÜCHTE IM SPROSSENBEUTEL KEIMEN

7

**1** Halten Sie sich an die Tipps im Abschnitt „Sprossen und Hygiene“ (Seite 50 f.): Nur sauberes, frisches Wasser verwenden. Hände waschen, bevor Sie Samen oder Sprossen anfassen.

**2** Die gewünschte Menge Samen abmessen und in ein Glas oder eine Schüssel füllen.

**3** Gefäß unter dem Wasserhahn mit kühlem Wasser füllen.

**4** Die Samen über Nacht einweichen (8 bis 10 Stunden). Bei längerer Einweichzeit (bis zu 24 Stunden) das Einweichwasser nach 12 Stunden wechseln.

**5** Falls Sie Dünger verwenden: Geben Sie diesen ins Einweichwasser oder versorgen Sie die keimenden Samen per Sprühflasche mit Düngerlösung.

**6** Den Sprossenbeutel anfeuchten.

**7** Eingeweichte Samen mit Einweichwasser in den Beutel füllen und das Wasser ablaufen lassen.

**8** Samen im Beutel unter fließendem Wasser abspülen, das Wasser ablaufen lassen.

**9** Den Beutel so aufhängen, dass das Wasser gut abtropfen kann. Beutel niemals direkt auf die Arbeitsplatte oder Ähnliches stellen, um das Entstehen von Schimmel und Bakterien zu vermeiden.

**10** Die Samen ca. alle 12 Stunden, mindestens aber 2-mal täglich, unter fließendem Wasser abspülen und abtropfen lassen. Alternativ den Sprossenbeutel zum Wässern mindestens 1 Minute lang in eine Schüssel mit Wasser stellen. Herausnehmen und abtropfen lassen. Halten Sie beim Wässern und Abgießen einen festen Zeitplan ein. Ihre Sprossen werden Ihnen das tägliche Bad mit gutem Wachstum danken. Unregelmäßiges Wässern kann das Wachstum ungünstig beeinflussen.

**11** Den Sprossenbeutel so aufhängen, dass das Wasser abtropfen kann.

**12** Nach dem Wässern die Samen im Beutel vorsichtig durchkneten. So verwachsen die Wurzeln nicht mit dem Stoff.

**13** Die Samen von Hülsenfrüchten sind ab dem ersten Einweichen in der Regel nach 2 Tagen verzehrfertig.

**14** Und zu guter Letzt: ernten und genießen.

# HÜLSENFRÜCHTE IM EASY SPROUTER KEIMEN

**1** Halten Sie sich an die Tipps im Abschnitt „Sprossen und Hygiene" (Seite 50 f.): *Easy Sprouter* in warmem Wasser mit Spülmittel reinigen, dann heiß abspülen. Nur sauberes, frisches Wasser verwenden. Hände waschen, bevor Sie Samen oder Sprossen anfassen.

**2** Gewünschte Menge Samen im Kuppeldeckel (der auch als Messbecher dient) abmessen und in den inneren Behälter füllen. Dann inneren Behälter in den äußeren stellen.

**3** *Easy Sprouter* unter dem Wasserhahn mit kühlem Wasser füllen.

**4** Samen über Nacht einweichen (8 bis 10 Stunden). Bei längerer Einweichzeit (bis zu 24 Stunden) das Einweichwasser nach 12 Stunden wechseln.

**5** Falls Sie Dünger verwenden: Geben Sie diesen ins Einweichwasser oder versorgen Sie die keimenden Samen per Sprühflasche mit Düngerlösung.

**6** Den inneren Behälter herausnehmen, das Wasser abtropfen lassen. Stehendes Wasser im äußeren Behälter abgießen.

**7** Inneren Behälter wieder in den äußeren stellen und mit frischem Wasser füllen.

**8** GLassen Sie den Samen mindestens 1 Minute Zeit, sich genüsslich vollzusaugen. Gut abgießen, sodass sich kein stehendes Wasser bilden kann. Das Wässern ist nicht nur für den Keimprozess wichtig, es schwemmt auch Bakterien aus. Inneren Behälter wieder herausnehmen und Wasser vollständig abtropfen lassen. Stehendes Wasser im äußeren Behälter abgießen.

**9** Die Samen ca. alle 12 Stunden, mindestens aber 2-mal täglich, wässern und gründlich abgießen. Im *Easy Sprouter* dürfen nur feuchte Samen zurückbleiben. Halten Sie beim Wässern und Abgießen einen festen Zeitplan ein. Ihre Sprossen werden Ihnen das tägliche Bad mit freudigem Wachstum danken. Unregelmäßiges Wässern kann das Wachstum ungünstig beeinflussen.

**10** Der *Easy Sprouter* ist so konstruiert, dass zwischen den beiden Behältern die Luft gut zirkulieren kann. Schimmel und Mehltau haben so keine Chance.

**11** Die Samen von Hülsenfrüchten sind ab dem ersten Einweichen in der Regel nach 2 Tagen verzehrfertig.

**12** Und zu guter Letzt: ernten und genießen.

# HÜLSENFRÜCHTE IN DER KEIMSCHALE ZIEHEN

1 Halten Sie sich an die Tipps im Abschnitt „Sprossen und Hygiene“ (Seite 50 f.): Keimschale in warmem Wasser mit Spülmittel reinigen, dann heiß abspülen. Nur sauberes, frisches Wasser verwenden. Hände waschen, bevor Sie Samen oder Sprossen anfassen.

2 Die gewünschte Menge Samen abmessen und in ein mit frischem Wasser gefülltes Glas oder eine Schüssel geben.

3 Samen über Nacht einweichen (8 bis 10 Stunden). Bei längerer Einweichzeit (bis zu 24 Stunden) das Einweichwasser nach 12 Stunden wechseln.

4 Falls Sie Dünger verwenden: Geben Sie diesen ins Einweichwasser oder versorgen Sie die keimenden Samen per Sprühflasche mit Düngerlösung.

5 Eingeweichte Samen über dem Spülbecken in die Schale füllen, Wasser ablaufen lassen. Samen in der Schale unter fließendem kaltem Wasser abspülen und das Wasser gründlich abtropfen lassen. Stehendes Wasser entfernen.

5

6

6 Keimschalen werden zum Teil auch mit Auffangschale und Deckel angeboten. Sie lassen sich einzeln verwenden, können aber auch zu einem Turm kombiniert werden. Dadurch wird eine Art Gewächshaus-Effekt erzeugt, sodass die Samen während des Keimens nicht austrocknen. Halten Sie sich bei der Verwendung solcher Modelle an die Gebrauchsanweisung des Herstellers.

7 Die Samen alle 12 Stunden, mindestens aber 2-mal täglich, wässern und gründlich abgießen. Halten Sie beim Wässern und Abgießen einen festen Zeitplan ein. Ihre Sprossen werden Ihnen das tägliche Bad mit gutem Wachstum danken. Unregelmäßiges Wässern kann das Wachstum ungünstig beeinflussen. Und lassen Sie den Samen genügend Zeit für ihre tägliche Dusche.

8 Die Samen von Hülsenfrüchten sind ab dem ersten Einweichen in der Regel nach 2 Tagen verzehrfertig.

9 Und zu guter Letzt: ernten und genießen.

# HÜLSENFRÜCHTE IN TERRAKOTTA-KEIMSCHALEN ZIEHEN

6

**1** Halten Sie sich an die Tipps im Abschnitt „Sprossen und Hygiene" (Seite 50 f.): Keimgerät unter fließendem Wasser mit einer Bürste säubern. Schalen gelegentlich mit Essigwasser reinigen. Nur sauberes, frisches Wasser verwenden. Die Hände waschen, bevor Sie Samen oder Sprossen anfassen. Stellen Sie sicher, dass die Abflusslöcher der Schalen nicht verstopft sind. Falls nötig können Sie die Löcher mit einer Nadel oder einer aufgebogenen Büroklammer reinigen.

**2** Die gewünschte Menge Samen abmessen und in ein mit frischem Wasser gefülltes Glas oder eine Schüssel geben.

**3** Samen über Nacht einweichen (8 bis 10 Stunden). Bei längerer Einweichzeit (bis zu 24 Stunden) das Einweichwasser nach 12 Stunden wechseln.

**4** Falls Sie Dünger verwenden: Geben Sie diesen ins Einweichwasser oder versorgen Sie die keimenden Samen per Sprühflasche mit Düngerlösung.

**5** Bevor Sie die eingeweichten Samen in die Terrakottaschalen füllen, sollten Sie die Schalen für 5 bis 15 Minuten in klares Wasser legen, damit sich die feinporigen Wände mit Wasser vollsaugen können.

6

7

**6** Die Schalen aus dem Wasser nehmen, die eingeweichten Samen über dem Spülbecken einfüllen und das Wasser ablaufen lassen. Das kann ein paar Minuten dauern, weil der Ton einen Teil des Wassers aufnimmt. Anschließend die Samen in der Schale unter frischem Wasser abspülen und gut abtropfen lassen, bis sich darin nur noch die feuchten Samen befinden.

**7** Setzen Sie anschließend die Schalen nach der Gebrauchsweisung des Herstellers zusammen.

**8** Die Samen ca. alle 12 Stunden, mindestens aber 2-mal täglich, wässern und gründlich abgießen. Stehendes Wasser unbedingt vermeiden! Halten Sie beim Wässern und Abgießen einen festen Zeitplan ein. Ihre Sprossen werden Ihnen das tägliche Bad mit vermehrtem Wachstum danken. Unregelmäßiges Wässern kann das Wachstum ungünstig beeinflussen.

**9** Die Samen von Hülsenfrüchten sind ab dem ersten Einweichen in der Regel nach 2 Tagen verzehrfertig.

**10** Und zu guter Letzt: ernten und genießen.

# HÜLSENFRÜCHTE IM EASYGREEN KEIMAUTOMATEN ZIEHEN

**1** Setzen Sie das Gerät nach der Anleitung des Herstellers zusammen. Über den mitgelieferten Timer können Samen bzw. Sprossen regelmäßig in bis zu 15 Minuten langen Intervallen befeuchtet werden.

**2** Halten Sie sich an die Tipps im Abschnitt „Sprossen und Hygiene" (Seite 50 f.): Keimplatte und Keimschalen in warmem Wasser mit Spülmittel reinigen, dann heiß abspülen. Nur sauberes, frisches Wasser zum Befüllen des Wassertanks verwenden. Die Hände waschen, bevor Sie Samen oder Sprossen anfassen. Stellen Sie sicher, dass die Abflusslöcher von Keimplatte und Keimschalen nicht verstopft sind. Ansonsten die Löcher mit einer Nadel oder einer aufgebogenen Büroklammer reinigen.

**3** Der Wassertank befindet sich an der Rückseite des Geräts hinter der Keimkammer. Zum Befeuchten der Samen bzw. Sprossen wird nur frisches Wasser verwendet, überschüssiges Wasser fließt über ein Ablaufventil ab. Die ausschließliche Verwendung von frischem Wasser ist ein großer Vorteil des *EasyGreen* gegenüber anderen Keimautomaten, die nach dem Benebeln der Samen das in der Bodenschale aufgefangene Tropfwasser wieder zurück ins Gerät leiten. Dieses Wasserrecycling und das im Gerät herrschende feuchtwarme Klima bieten Bakterien ideale Wachstumsbedingungen. Bei Verwendung eines Keimautomaten entfällt das Einweichen der Samen.

**4** Sollten Sie Dünger verwenden, dann füllen Sie ihn in den Wassertank.

**5** Benetzen Sie den Boden der Keimschalen mit Wasser, damit die Samen besser an der Oberfläche haften. Streuen Sie die Samen in einer dünnen Lage aus und verteilen Sie sie durch vorsichtiges Hin-und-her-Bewegen der Schale gleichmäßig auf dem Boden.

**6** Stellen Sie die gefüllte Keimschale in die Keimkammer, ebenso die leeren Schalen. Die gefüllte Schale kommt ganz nach rechts, die leeren links davon. Die gefüllte Schale wandert dann jeden Tag eins weiter nach links, neu angesäte Schalen kommen ganz nach rechts. So behalten Sie den Überblick und haben jeden Tag genügend frische Sprossen.

**7** Die Samen von Hülsenfrüchten sind in der Regel nach 2 Tagen verzehrfertig. Geleerte Schalen gleich wieder neu ansäen, um die Versorgungskette nicht zu unterbrechen.

**8** Und zu guter Letzt: Ernten und genießen Sie Ihre Sprossen.

# SPROSSEN AUS AZUKI- UND MUNGBOHNEN

Essen Sie auch so gern Bohnensprossen? Sie sind aus der chinesischen Küche oder aus Salatbars gar nicht wegzudenken. Ziehen Sie Bohnensprossen doch einfach mal selbst. Sie müssen dazu nur zwei Dinge beachten: Bohnensprossen müssen erstens im Dunkeln und zweitens unter Druck gezogen werden, denn nur so bleiben sie knackig-süß und appetitlich weiß. Sobald die Sprossen aber dem Licht ausgesetzt sind, werden sie durch die einsetzende Fotosynthese hart und zäh. Dabei bilden sich Chlorophyll und Zellulose. Und das Keimen unter Druck macht die Sprossen fleischiger und knackiger.

Bei der Zusammenstellung der Keimausrüstung können Sie Ihrer Kreativität freien Lauf lassen. Eine Keimschale ist für das Dunkelkeimen unter Druck gut geeignet, wenn Sie einen etwas kleineren Deckel haben, der in die Schale passt und bündig mit der Seitenwand abschließt. Ein darauf platzierter Stein oder ein Gewicht sorgt für den nötigen Druck. Sie können aber auch zwei Eimer jeweils mit dem Boden nach unten übereinanderstapeln. Verwenden Sie aber nur Eimer aus rostfreiem Stahl oder lebensmittelechtem Kunststoff, keine verzinkten. Ein schwarzer Müllsack, den Sie über Ihren selbst gebauten Keimapparat ziehen, sorgt für den nötigen Lichtausschluss.

Auch hier gilt: Sprossen unter Einhaltung eines festen Zeitplans 2-mal täglich wässern und abgießen. Ihre Sprossen werden Ihnen das tägliche Bad danken. Unregelmäßiges Wässern kann das Wachstum ungünstig beeinflussen.

Nach dieser Methode gezogene Bohnensprossen sind nach 4 bis 5 Tagen prall und knackig und können geerntet werden. Guten Appetit!

## KAPITEL 5

# GETREIDE

SPROSSEN AUS GETREIDE VERSORGEN UNSEREN KÖRPER MIT NATÜRLICHEN, VOLLWERTIGEN BALLASTSTOFFEN UND KOHLENHYDRATEN. GETREIDEKÖRNER ENTHALTEN SEHR WENIG GESÄTTIGTE FETTSÄUREN SOWIE NATRIUM UND WIE GEMÜSE KEIN CHOLESTERIN. GETREIDE KEIMT SCHNELL UND DIE SPROSSEN SIND ZUDEM LEICHT VERDAULICH UND MILD IM GESCHMACK. SIE KÖNNEN SIE AUCH ZU FERTIGEN SUPPEN UND PFANNENGERICHTEN GEBEN.

GETREIDESPROSSEN KÖNNEN NACH 1 ODER 2 TAGEN GEERNTET WERDEN. GEDÖRRT ERGEBEN SIE EINEN KNUSPRIGEN SNACK. AUCH BEIM ZIEHEN VON GETREIDE SIND WÄSSERN SOWIE GRÜNDLICHES ABGIESSEN DAS A UND O, UM BAKTERIENBILDUNG ZU VERMEIDEN UND FÜR EINE GUTE DURCHLÜFTUNG ZU SORGEN.

# GLUTENFREIE GETREIDESORTEN

Viele Menschen leiden an einer Glutenunverträglichkeit, sie reagieren empfindlich auf das Klebereiweiß in Getreidesorten wie Weizen, Roggen, Dinkel oder Triticale, einer Kreuzung von Weizen und Roggen. Hafer und Gerste haben zwar einen niedrigen Glutengehalt, können aber ebenso Probleme verursachen, wenn sie auf denselben Anlagen verarbeitet werden wie glutenhaltiges Getreide und so mit Gluten verunreinigt werden. Zudem reagieren manche Menschen bereits auf Hafer und Gerste allergisch.

Glücklicherweise gibt es aber auch Getreidearten wie Hirse, Reis, Buchweizen, Amarant und Quinoa, die kein Gluten enthalten. Dabei handelt es sich zum Teil eigentlich nicht um Getreide, sondern um sogenanntes Pseudogetreide. Wie man sie nennt, ist aber letztlich nicht entscheidend. Wichtig ist, dass diese Sorten Menschen mit Glutenallergie eine Alternative bieten. Keimlinge von Amarant, Reis, Hirse und Quinoa sind bereits zu Beginn des Keimprozesses verzehrfertig.

Amarant, Hirse und Quinoa 4 Stunden in frischem Wasser einweichen. Wenn die Samen jedoch zu lange im Wasser bleiben, saugen sie sich zu voll und platzen.

Reis können Sie auch über Nacht einweichen. Schütten Sie das Einweichwasser weg und gießen Sie frisches Wasser nach. Nach dem Wässern gut abtropfen lassen. Im Gefäß darf kein stehendes Wasser zurückbleiben. Täglich 2-mal wässern und abgießen, maximal 2 Tage keimen lassen. Vielleicht erkennen Sie an den Körnern dann noch keine Sprossen, doch sie können nach dieser kurzen Zeit bereits verzehrt werden. Wenn Reis nicht keimt, liegt dies gewöhnlich daran, dass er geschält oder anderweitig behandelt wurde. Verwenden Sie daher am besten keimfähigen Reis. Reissprossen fordern Ihnen einiges an Kauarbeit ab und sind auch nicht unbedingt leicht verdaulich. Kochen macht sie magenfreundlicher, ihr Nährwert bleibt dabei erhalten. Reissprossen schmecken aromatisch-süß.

Amarant wird in Wasser schnell zu einem matschigen Brei. Daher sollten Sie die Samen nicht einweichen, sondern nur wässern. Experimentieren Sie damit, um herauszufinden, wie Sie am besten mit Amarant umgehen, und sammeln Ihre eigenen Erfahrungen.

Die kleinen gelben Hirsekörner kennen die meisten Menschen nur als Vogelfutter. Doch mit ihnen lassen sich, ob roh oder gekocht, tolle Mahlzeiten zubereiten. Hirse hat einen feinen, eher süßen Geschmack.

Quinoa ist eine alte „Getreideart" aus Südamerika. Die Körner enthalten viel Eiweiß und ihr Geschmack ist angenehm nussig. Quinoa gibt es mittlerweile in drei Sorten: traditionell weiß sowie die neueren roten und schwarzen Sorten. Gemischt sind sie ein wahrer Augenschmaus. Für die Sprossengärtnerei sind jedoch nur die ungeschälten Samen geeignet, da nur sie keimfähig sind.

Ungeschälte Quinoasamen können streng riechen oder schmecken, was an den Saponinen auf der Samenschale liegt, mit denen sich die Pflanze gegen Schädlinge schützt. Durch die Saponine wird das Einweichwasser leicht schaumig. Abhilfe schafft hier mehrfaches Wässern, bis das abgegossene Wasser klar bleibt.

# GETREIDE IM SPROSSENGLAS KEIMEN

**Getreidesprossen sind schnell und einfach zu ziehen. Als wohlschmeckende Beilage passen sie zu jedem Gericht und liefern uns reichlich Ballaststoffe und Eiweiß.**

**1** Halten Sie sich an die Tipps im Abschnitt „Sprossen und Hygiene" (Seite 50 f.): Sprossenglas und Deckel in warmem Wasser mit Spülmittel reinigen, dann heiß abspülen. Nur sauberes, frisches Wasser verwenden. Hände waschen, bevor Sie Samen oder Sprossen anfassen.

**2** Die gewünschte Menge Samen abmessen und in das Glas geben.

**3** Sprossenglas mit kühlem Wasser direkt aus dem Hahn füllen.

**4** Samen über Nacht einweichen (8 bis 10 Stunden). Bei längerer Einweichzeit (bis zu 24 Stunden) das Einweichwasser nach 12 Stunden wechseln.

**5** Falls Sie Dünger verwenden: Geben Sie diesen ins Einweichwasser oder versorgen Sie die keimenden Samen per Sprühflasche mit Düngerlösung.

**6** Sprossenglas zuschrauben, schräg halten und Wasser vollständig ablaufen lassen. Das Glas sollte nur noch die feuchten Samen und kein stehendes Wasser mehr enthalten.

**7** Sprossenglas mit frischem Wasser füllen. Lassen Sie den Samen mindestens 1 Minute Zeit, sich genüsslich vollzusaugen. Gut abgießen, sodass sich kein stehendes Wasser bilden kann. Das Wässern ist nicht nur für den Keimprozess wichtig, es entfernt auch Bakterien.

**8** Sprossenglas mit Deckel nach unten schräg aufstellen, sodass noch vorhandenes Wasser abtropfen kann. Dies beugt der Bildung von Bakterien vor, wie sie in stehendem Wasser meist vorkommt.

**9** Die Samen ca. alle 12 Stunden, mindestens aber 2-mal täglich, wässern und gründlich abgießen. Halten Sie beim Wässern und Abgießen einen festen Zeitplan ein. Ihre Sprossen werden Ihnen das tägliche Bad danken. Unregelmäßiges Wässern kann das Wachstum ungünstig beeinflussen.

**10** Getreidesprossen sind ab dem ersten Einweichen in der Regel nach 2 Tagen verzehrfertig.

**11** Und zu guter Letzt: ernten und genießen.

# GETREIDE IM SPROSSENBEUTEL KEIMEN

6

**1** Halten Sie sich an die Tipps im Abschnitt „Sprossen und Hygiene" (Seite 50 f.): Nur sauberes, frisches Wasser verwenden. Hände waschen, bevor Sie Samen oder Sprossen anfassen.

**2** Die gewünschte Menge Samen abmessen und in eine Schüssel geben.

**3** Gefäß mit kühlem Wasser direkt aus dem Hahn füllen.

**4** Samen über Nacht einweichen (8 bis 10 Stunden). Bei längerer Einweichzeit (24 Stunden) das Einweichwasser nach 12 Stunden wechseln.

**5** Falls Sie Dünger verwenden: Geben Sie diesen ins Einweichwasser oder versorgen Sie die keimenden Samen per Sprühflasche mit Düngerlösung.

**6** Den Sprossenbeutel anfeuchten.

**7** Eingeweichte Samen mit Einweichwasser in den Beutel füllen und das Wasser ablaufen lassen.

**8** Samen im Beutel unter fließendem Wasser abspülen, das Wasser ablaufen lassen.

**9** Den Beutel so aufhängen, dass das Wasser gut abtropfen kann. Beutel niemals einfach auf Arbeitsplatte oder Ähnliches stellen, um das Entstehen von Schimmel und Bakterien zu vermeiden.

**10** Die Samen ca. alle 12 Stunden, mindestens aber 2-mal täglich, unter fließendem Wasser abspülen und abtropfen lassen. Alternativ den Sprossenbeutel 1 Minute in eine Schüssel mit Wasser stellen. Herausnehmen und abtropfen lassen. Halten Sie beim Wässern und Abgießen einen festen Zeitplan ein. Ihre Sprossen werden Ihnen das tägliche Bad danken. Unregelmäßiges Wässern kann das Wachstum ungünstig beeinflussen.

**11** Den Sprossenbeutel so aufhängen, dass das Wasser abtropfen kann.

**12** Nach dem Wässern die Samen im Beutel vorsichtig durchkneten. So verwachsen die Wurzeln nicht mit dem Stoff.

**13** Getreidesprossen sind ab dem ersten Einweichen in der Regel nach 2 Tagen verzehrfertig.

**14** Und zu guter Letzt: ernten und genießen.

8

# GETREIDE IM EASY SPROUTER KEIMEN

**1** Halten Sie sich an die Tipps im Abschnitt „Sprossen und Hygiene" (Seite 50 f.): *Easy Sprouter* in warmem Wasser mit Spülmittel reinigen, dann heiß abspülen. Nur sauberes, frisches Wasser verwenden. Hände waschen, bevor Sie Samen oder Sprossen anfassen.

**2** Gewünschte Menge Samen im Kuppeldeckel (der auch als Messbecher dient) abmessen und in den inneren Behälter füllen. Dann inneren Behälter in den äußeren stellen.

**3** *Easy Sprouter* unter dem Wasserhahn mit kühlem Wasser füllen.

**4** Samen über Nacht einweichen (8 bis 10 Stunden). Bei längerer Einweichzeit (bis zu 24 Stunden) das Einweichwasser nach 12 Stunden wechseln.

**5** Falls Sie Dünger verwenden: Geben Sie diesen ins Einweichwasser oder versorgen Sie die keimenden Samen per Sprühflasche mit Düngerlösung.

**6** Den inneren Behälter herausnehmen, das Wasser abtropfen lassen. Stehendes Wasser im äußeren Behälter abgießen.

**7** Inneren Behälter wieder in den äußeren stellen und mit frischem Wasser füllen.

**8** Lassen Sie den Samen 1 Minute Zeit, sich genüsslich vollzusaugen. Gut abgießen, sodass sich kein stehendes Wasser bildet. Das Wässern ist nicht nur für den Keimprozess wichtig, es schwemmt auch Bakterien aus. Inneren Behälter wieder herausnehmen und Wasser vollständig abtropfen lassen. Stehendes Wasser im äußeren Behälter abgießen.

**9** Die Samen ca. alle 12 Stunden, mindestens aber 2-mal täglich, wässern und gründlich abgießen. Im *Easy Sprouter* dürfen nur feuchte Samen zurückbleiben. Halten Sie beim Wässern und Abgießen einen festen Zeitplan ein. Ihre Sprossen werden Ihnen das tägliche Bad mit vermehrtem Wachstum danken. Unregelmäßiges Wässern kann das Wachstum ungünstig beeinflussen. Der *Easy Sprouter* ermöglicht eine gute Luftzirkulation zwischen den beiden Behältern. Schimmel und Mehltau haben so keine Chance.

**10** Getreidesprossen sind ab dem ersten Einweichen in der Regel nach 2 Tagen verzehrfertig.

**11** Und zu guter Letzt: ernten und genießen.

# GETREIDE IN DER KEIMSCHALE ZIEHEN

**1** Halten Sie sich an die Tipps im Abschnitt „Sprossen und Hygiene" (Seite 50 f.): Keimschale in warmem Wasser mit Spülmittel reinigen, dann heiß abspülen. Nur sauberes, frisches Wasser verwenden. Hände waschen, bevor Sie Samen oder Sprossen anfassen.

**2** Die gewünschte Menge Samen abmessen und in ein mit frischem Wasser gefülltes Glas oder eine Schüssel geben.

**3** Samen über Nacht einweichen (8 bis 10 Stunden). Bei längerer Einweichzeit (bis zu 24 Stunden) das Einweichwasser nach 12 Stunden wechseln.

**4** Falls Sie Dünger verwenden: Geben Sie diesen ins Einweichwasser oder versorgen Sie die keimenden Samen per Sprühflasche mit Düngerlösung.

**5** Eingeweichte Samen über dem Spülbecken in die Schale füllen, Wasser ablaufen lassen. Die Samen in der Schale unter fließendem kaltem Wasser spülen und gut abtropfen lassen. Stehendes Wasser entfernen.

**6** Keimschalen werden zum Teil auch mit Auffangschale und Deckel angeboten. Sie lassen sich einzeln verwenden, können aber auch zu einem Turm kombiniert werden. Dadurch wird eine Art Gewächshaus-Effekt erzeugt, sodass die Samen während des Keimens nicht austrocknen. Halten Sie sich bei der Verwendung solcher Modelle an die Gebrauchsanweisung des Herstellers.

**7** Die Samen ca. alle 12 Stunden, mindestens aber 2-mal täglich, wässern und gründlich abgießen. Halten Sie beim Wässern und Abgießen einen festen Zeitplan ein. Ihre Sprossen werden Ihnen das tägliche Bad danken. Unregelmäßiges Wässern kann das Wachstum ungünstig beeinflussen. Ganz wichtig: Lassen Sie den Samen genügend Zeit für ihre tägliche Dusche.

**8** Getreidesprossen sind ab dem ersten Einweichen in der Regel nach 2 Tagen verzehrfertig.

**9** Und zu guter Letzt: Ernten und genießen Sie Ihre Sprossen.

# GETREIDE IN TERRAKOTTA-KEIMSCHALEN ZIEHEN

**1** Halten Sie sich an die Tipps im Abschnitt „Sprossen und Hygiene" (Seite 50 f.): Keimgerät unter fließendem Wasser mit einer Bürste säubern. Schalen gelegentlich mit Essigwasser reinigen. Nur sauberes, frisches Wasser verwenden. Die Hände waschen, bevor Sie Samen oder Sprossen anfassen. Stellen Sie sicher, dass die Abflusslöcher der Schalen nicht verstopft sind. Falls nötig die Löcher mit einer Nadel oder einer aufgebogenen Büroklammer reinigen.

**2** Die gewünschte Menge Samen abmessen und in ein mit frischem Wasser gefülltes Glas oder eine Schüssel geben.

**3** Samen über Nacht einweichen (8 bis 10 Stunden). Bei längerer Einweichzeit (24 Stunden) das Einweichwasser nach 12 Stunden wechseln.

**4** Falls Sie Dünger verwenden: Geben Sie diesen ins Einweichwasser oder versorgen Sie die keimenden Samen per Sprühflasche mit Düngerlösung.

**5** Bevor Sie die eingeweichten Samen in die Terrakottaschalen füllen, sollten Sie die Schalen für 5 bis 15 Minuten in klares Wasser legen, damit sich die feinporigen Wände mit Wasser vollsaugen können.

**6** Die Schalen aus dem Wasser nehmen, die eingeweichten Samen über dem Spülbecken einfüllen und das Wasser ablaufen lassen. Das kann ein paar Minuten dauern, weil der Ton einen Teil des Wassers aufnimmt. Anschließend die Samen in der Schale unter frischem Wasser abspülen und gut abtropfen lassen, bis sich darin nur noch die feuchten Samen befinden.

**7** Setzen Sie nun die Schalen nach der Gebrauchsweisung des Herstellers zusammen.

**8** Die Samen ca. alle 12 Stunden, mindestens aber 2-mal täglich, wässern und gründlich abgießen. Stehendes Wasser vermeiden! Halten Sie beim Wässern und Abgießen einen festen Zeitplan ein. Ihre Sprossen werden Ihnen das tägliche Bad danken. Unregelmäßiges Wässern kann das Wachstum ungünstig beeinflussen.

**9** Getreidesprossen sind ab dem ersten Einweichen in der Regel nach 2 Tagen verzehrfertig.

**10** Und zu guter Letzt: ernten und genießen.

# GETREIDE IM EASYGREEN KEIMAUTOMATEN ZIEHEN

**1** Setzen Sie das Gerät nach der Anleitung des Herstellers zusammen. Über den mitgelieferten Timer können Samen bzw. Sprossen regelmäßig in bis zu 15 Minuten langen Intervallen befeuchtet werden.

**2** Halten Sie sich an die Tipps im Abschnitt „Sprossen und Hygiene“ (Seite 50 f.): Keimplatte und Keimschalen in warmem Wasser mit Spülmittel reinigen, dann heiß abspülen. Nur sauberes, frisches Wasser zum Befüllen des Wassertanks verwenden. Hände waschen, bevor Sie Samen oder Sprossen anfassen. Stellen Sie sicher, dass die Abflusslöcher von Keimplatte und Keimschalen nicht verstopft sind. Ansonsten die Löcher mit einer Nadel oder aufgebogenen Büroklammer reinigen.

**3** Sollten Sie Dünger verwenden, dann füllen Sie ihn in den Wassertank.

**4** Bei Verwendung eines Keimautomaten entfällt das sonst notwendige Einweichen der Samen. Benetzen Sie den Boden der Keimschalen mit Wasser, damit die Samen besser an der Oberfläche haften. Samen in einer dünnen Lage ausstreuen und durch vorsichtiges Hin-und-her-Bewegen der Schale gleichmäßig auf dem Boden verteilen.

**5** Stellen Sie die gefüllte Keimschale zusammen mit den leeren Schalen in die Keimkammer. Die gefüllte Schale kommt ganz nach rechts, die leeren links davon. Die gefüllte Schale wandert jeden Tag eins weiter nach links, neu angesäte Schalen kommen ganz nach rechts. So behalten Sie den Überblick und haben jeden Tag frische Sprossen.

**6** Getreidesprossen sind in der Regel nach 2 Tagen verzehrfertig. Geleerte Schalen gleich wieder neu ansäen, um die Versorgungskette nicht zu unterbrechen.

**7** Und zu guter Letzt: Lassen Sie sich die Sprossen schmecken!

## KAPITEL 6

# MINI-BLATTGEMÜSE

UNSERER GESUNDHEIT ZULIEBE SOLLTEN WIR VIEL FRISCHES OBST UND GEMÜSE, VOR ALLEM GRÜNES BLATTGEMÜSE, ESSEN. DEN TÄGLICHEN BEDARF AN GRÜNEM BLATTGEMÜSE KÖNNEN WIR GUT MIT SPROSSEN VON ALFALFA, ROTKLEE, RADIESCHEN, BROKKOLI, GRÜNKOHL, ROTKOHL, WEISSKOHL, DILL, FENCHEL, BOCKSHORNKLEE, SENF, ZWIEBEL UND KNOBLAUCH DECKEN.

Die Sprossen aus diesen kleinen Samenkörnchen stecken voller leicht verwertbarer Nährstoffe. Sie sind glutenfrei und enthalten viele Vitamine, Mineralien, Ballaststoffe und das Blattgrün oder Chlorophyll. Ihr Geschmack variiert von mild bis scharf-würzig. Die meisten Samen brauchen etwa 1 Woche zum Sprießen. Bei Zwiebel, Knoblauch, Dill und Fenchel dauert es etwas länger, doch das Warten lohnt sich.

Mini-Blattgemüse ist knackig und leicht verdaulich. Man kann es einfach so aus der Hand essen oder Salate und rohe Suppen damit aufpeppen. Aufgrund seines hohen Wassergehalts lässt sich Mini-Blattgemüse auch gut entsaften.

Mini-Blattgemüse enthält kein Fett, kein Cholesterin und nur wenig Natrium. Es liefert unserem Körper die guten Kohlenhydrate, die er braucht, in naturbelassener, vollwertiger Form und zugleich eine Fülle von Ballaststoffen.

Versuchen Sie, täglich 50 Gramm Mini-Blattgemüse zu essen. Diese kleine Portion Blattgemüse zeigt große Wirkung. Organisationen wie die *American Cancer Society* empfehlen, täglich etwa 400 Gramm Obst und Gemüse zu verzehren, um Krebserkrankungen vorzubeugen und das Risiko von Herzerkrankungen und Diabetes zu verringern. Verteilen Sie die tägliche Ration Mini-Blattgemüse am besten auf drei Mahlzeiten, dann kommt Ihnen Ihre Portion Blattgemüse viel kleiner vor.

# KEIMPFLANZEN

Bei Keimpflanzen handelt es sich um die Sämlinge der Pflanze, d. h., der keimende Samen hat sich so weit entwickelt, dass sich erste Blättchen zeigen und der Keimling schon mehr an eine richtige Pflanze erinnert. Keimpflanzen werden in Erde gezogen und brauchen mehr Zeit, bis man sie ernten kann.

Zwar ist der Nährstoffgehalt von Keimpflanzen etwas geringer als der von Sprossen, dafür enthalten sie aber mehr Chlorophyll. Wenn Ernährungswissenschaftler uns raten, uns gesünder zu ernähren und mehr grünes Blattgemüse zu essen, geht es ihnen vor allem um das darin enthaltene Chlorophyll. Sowohl Sprossen als auch Keimpflanzen sind eine gute Chlorophyll-Quelle. Da Keimpflanzen schon weiter entwickelt sind als Sprossen, enthalten sie mehr Ballaststoffe.

Es dauert ungefähr 25 Tage, bis ein Samenkorn zu einer Keimpflanze wird. Nicht alle Samen eignen sich für das Ziehen von Keimpflanzen. Sämtliche Kreuzblütler wie Brokkoli, Mizuna, Brauner Senf, Radieschen, Grünkohl, Kresse und Rucola oder Weißkohl gedeihen prächtig. Aber auch Basilikum und Rote Bete ergeben leckere Keimpflanzen. Die kleinen Pflänzchen schmecken oft wie ihre „erwachsenen“ Geschwister. Sie können Keimpflanzen auch als Samenmischung ansäen, so erhalten Sie ein vielfältiges aromatisches Potpourri.

Zum Ansäen verteilen Sie die Samen auf Erde und bedecken diese mit einer dünnen Erdschicht, um sie vor dem Austrocknen zu bewahren. Damit die Samen keimen, müssen sie warm und feucht gehalten werden. Zudem muss überschüssiges Wasser ablaufen können, damit sich keine Staunässe bildet. Licht benötigen die Samen nicht für den Keimprozess. Bald strecken die ersten Keimlinge ihre Spitzen aus der Erde. Wenn Sie jetzt der Versuchung widerstehen, sie gleich zu essen, können Sie nach etwa 25 Tagen Ihre selbst gezogenen Keimpflanzen ernten. Prüfen Sie während des Heranwachsens immer wieder per Geschmacksprobe, wann der ideale Erntezeitpunkt gekommen ist. Und ernten Sie die zarten Pflänzchen, bevor die eigentliche Blattbildung einsetzt. Nur dann ist das Grün mild und knackig. Schneiden Sie die kleinen Keimpflanzen knapp über der Erde ab. Und waschen Sie sie gründlich, denn Sie wollen ja schließlich keine Pflanzerde mitessen.

# MINI-BLATTGEMÜSE ZIEHEN

Die Sprossen von Mini-Blattgemüse brauchen je nach Temperatur etwa 5 bis 7 Tage, bis sie geerntet werden können, weniger bei warmen und mehr bei kühlen Temperaturen. Dill, Fenchel, Zwiebel und Knoblauch sind dabei eine Ausnahme, sie lassen sich mitunter bis zu 2 Wochen Zeit. Machen Sie einfach die Geschmacksprobe. Die Pflänzchen verlieren, je größer sie werden, an Nährwert. Ernten Sie sie also nicht zu spät!

Bevor Sie Ihr Mini-Blattgemüse ernten können, muss es noch „grünen". Dazu müssen Sie es dem normalen Tageslicht im Raum aussetzen. Dadurch wird die Fotosynthese angeregt und Blattgrün bildet sich. Das dauert nur ein paar Stunden. Also einfach das Blattgemüse beim Frühstück ans Licht stellen, dann ist es bereits zum Mittagessen grün.

# MINI-BLATTGEMÜSE IM SPROSSENGLAS KEIMEN

2

3

6

**1** Halten Sie sich an die Tipps im Abschnitt „Sprossen und Hygiene" (Seite 50 f.): Sprossenglas und Deckel in warmem Wasser mit Spülmittel reinigen, dann heiß abspülen. Nur sauberes, frisches Wasser verwenden. Hände waschen, bevor Sie Samen oder Sprossen anfassen.

**2** Die gewünschte Menge Samen abmessen und ins Glas füllen.

**3** Sprossenglas mit kühlem Wasser direkt aus dem Hahn füllen.

**4** Samen über Nacht einweichen (8 bis 10 Stunden). Bei längerer Einweichzeit (24 Stunden) das Einweichwasser nach 12 Stunden wechseln.

**5** Falls Sie Dünger verwenden: Geben Sie diesen ins Einweichwasser oder versorgen Sie die keimenden Samen per Sprühflasche mit Düngerlösung.

**6** Sprossenglas zuschrauben, schräg halten und Wasser vollständig ablaufen lassen. Das Glas sollte nur noch die feuchten Samen und kein stehendes Wasser mehr enthalten.

**7** Sprossenglas mit frischem Wasser füllen. Lassen Sie den Samen mindestens 1 Minute Zeit, sich genüsslich vollzusaugen. Abgießen, sodass sich kein stehendes Wasser bilden kann. Das Wässern ist nicht nur für den Keimprozess wichtig, es entfernt auch Bakterien.

**8** Sprossenglas mit Deckel nach unten schräg aufstellen, sodass noch vorhandenes Wasser abtropfen kann. Dies beugt der Bildung von Bakterien vor, wie sie in stehendem Wasser meist vorkommt.

**9** Die Samen ca. alle 12 Stunden, mindestens aber 2-mal täglich, wässern und gründlich abgießen. Halten Sie beim Wässern und Abgießen einen festen Zeitplan ein. Ihre Sprossen werden Ihnen das tägliche Bad danken. Unregelmäßiges Wässern kann das Wachstum ungünstig beeinflussen.

**10** Mini-Blattgemüse ist ab dem ersten Einweichen in der Regel nach 5 bis 7 Tagen verzehrfertig. Dill und Fenchel brauchen 8 bis 10 Tage, Zwiebel und Knoblauch bis zu 2 Wochen.

**11** Vor dem Ernten das Mini-Blattgemüse zur Chlorophyllbildung ein paar Stunden dem Tageslicht aussetzen.

**12** Und zu guter Letzt: ernten und genießen.

# MINI-BLATTGEMÜSE IM EASY SPROUTER KEIMEN

2

3

**1** Halten Sie sich an die Tipps im Abschnitt „Sprossen und Hygiene“ (Seite 50 f.): *Easy Sprouter* in warmem Wasser mit Spülmittel reinigen, dann heiß abspülen. Nur sauberes, frisches Wasser verwenden. Hände waschen, bevor Sie Samen oder Sprossen anfassen.

**2** Gewünschte Menge Samen im Kuppeldeckel (der auch als Messbecher dient) abmessen und in den inneren Behälter füllen. Dann inneren Behälter in den äußeren stellen.

**3** *Easy Sprouter* unter dem Wasserhahn mit kühlem Wasser füllen.

**4** Samen über Nacht einweichen (8 bis 10 Stunden). Bei längerer Einweichzeit (bis zu 24 Stunden) das Einweichwasser nach 12 Stunden wechseln.

**5** Sollten Sie Dünger verwenden: Geben Sie diesen ins Einweichwasser oder versorgen Sie die keimenden Samen per Sprühflasche mit Düngerlösung.

**6** Den inneren Behälter herausnehmen, das Wasser abtropfen lassen. Stehendes Wasser im äußeren Behälter abgießen.

**7** Inneren Behälter wieder in den äußeren stellen und mit frischem Wasser füllen.

6

10

**8** Lassen Sie den Samen mindestens 1 Minute Zeit, sich genüsslich vollzusaugen. Abgießen, damit sich kein stehendes Wasser bilden kann. Das Wässern ist nicht nur für den Keimprozess wichtig, es schwemmt auch Bakterien aus. Inneren Behälter wieder herausnehmen, Wasser vollständig abtropfen lassen. Stehendes Wasser im äußeren Behälter abgießen.

**9** Die Samen alle 12 Stunden, mindestens aber 2-mal täglich, wässern und gründlich abgießen. Im *Easy Sprouter* dürfen nur feuchte Samen zurückbleiben. Halten Sie beim Wässern und Abgießen einen festen Zeitplan ein. Ihre Sprossen werden Ihnen das tägliche Bad danken. Unregelmäßiges Wässern kann das Wachstum ungünstig beeinflussen.

Der *Easy Sprouter* ist so konstruiert, dass zwischen den beiden Behältern die Luft gut zirkulieren kann. Schimmel und Mehltau haben so keine Chance.

**10** Mini-Blattgemüse ist ab dem ersten Einweichen in der Regel nach 5 bis 7 Tagen verzehrfertig. Dill und Fenchel brauchen 8 bis 10 Tage, Zwiebel und Knoblauch bis zu 2 Wochen.

**11** Vor dem Ernten das Mini-Blattgemüse zur Chlorophyllbildung ein paar Stunden dem Tageslicht aussetzen.

**12** Und zu guter Letzt: Lassen Sie sich die Sprossen schmecken!

# MINI-BLATTGEMÜSE IN DER KEIMSCHALE ZIEHEN

**1** Halten Sie sich an die Tipps im Abschnitt „Sprossen und Hygiene" (Seite 50 f.): Keimschale in warmem Wasser mit Spülmittel reinigen, dann heiß abspülen. Nur sauberes, frisches Wasser verwenden. Hände waschen, bevor Sie Samen oder Sprossen anfassen.

**2** Die gewünschte Menge Samen abmessen und in ein mit frischem Wasser gefülltes Glas oder eine Schüssel geben.

**3** Samen über Nacht einweichen (8 bis 10 Stunden). Bei längerer Einweichzeit (bis zu 24 Stunden) das Einweichwasser nach 12 Stunden wechseln.

**4** Falls Sie Dünger verwenden: Geben Sie diesen ins Einweichwasser oder versorgen Sie die keimenden Samen per Sprühflasche mit Düngerlösung.

**5** Eingeweichte Samen über dem Spülbecken in die Schale geben, Wasser ablaufen lassen. Samen in der Schale unter fließendem Wasser spülen, Wasser abtropfen lassen. Stehendes Wasser entfernen. Mini-Blattgemüse kann man auch auf Vlies ziehen. Schneiden Sie es auf die passende Größe zu und legen Sie damit den Boden der Keimschale aus. Samen auf dem Vlies verteilen.

**6** Keimschalen werden zum Teil auch mit Auffangschale und Deckel angeboten. Sie lassen sich einzeln verwenden, können aber auch zu einem Turm kombiniert werden. Dadurch wird eine Art Gewächshaus-Effekt erzeugt, sodass die Samen während des Keimens nicht austrocknen. Halten Sie sich bei der Verwendung solcher Modelle an die Gebrauchsanweisung des Herstellers.

**7** Die Samen alle 12 Stunden, mindestens aber 2-mal täglich, wässern und gründlich abgießen. Halten Sie beim Wässern und Abgießen einen festen Zeitplan ein. Ihre Sprossen werden Ihnen das tägliche Bad danken. Unregelmäßiges Wässern kann das Wachstum ungünstig beeinflussen.

**8** Mini-Blattgemüse ist ab dem ersten Einweichen in der Regel nach 5 bis 7 Tagen verzehrfertig. Dill und Fenchel brauchen 8 bis 10 Tage, Zwiebel und Knoblauch bis zu 2 Wochen.

**9** Vor dem Ernten das Mini-Blattgemüse zur Chlorophyllbildung ein paar Stunden dem Tageslicht aussetzen.

**10** Und zu guter Letzt: ernten und genießen.

# MINI-BLATTGEMÜSE IN TERRAKOTTA-KEIMSCHALEN ZIEHEN

1 Halten Sie sich an die Tipps im Abschnitt „Sprossen und Hygiene" (Seite 50 f.): Keimgerät unter fließendem Wasser mit einer Bürste säubern. Schalen gelegentlich mit Essigwasser reinigen. Nur sauberes, frisches Wasser verwenden. Die Hände waschen, bevor Sie Samen oder Sprossen anfassen. Stellen Sie sicher, dass die Abflusslöcher der Schalen nicht verstopft sind. Falls nötig die Löcher mit einer Nadel oder einer aufgebogenen Büroklammer reinigen.

2 Die gewünschte Menge Samen abmessen und in ein mit frischem Wasser gefülltes Glas oder eine Schüssel geben.

3 Samen über Nacht einweichen (8 bis 10 Stunden). Bei längerer Einweichzeit (24 Stunden) das Einweichwasser nach 12 Stunden wechseln.

4 Sollten Sie Dünger verwenden: Geben Sie diesen ins Einweichwasser oder versorgen Sie die keimenden Samen per Sprühflasche mit Düngerlösung.

5 PBevor Sie die eingeweichten Samen in die Terrakottaschalen füllen, sollten Sie die Schalen für 5 bis 15 Minuten in klares Wasser legen, damit sich die feinporigen Wände mit Wasser vollsaugen können.

6 Die Schalen aus dem Wasser nehmen, die eingeweichten Samen über dem Spülbecken einfüllen und das Wasser ablaufen lassen. Das kann ein paar Minuten dauern, weil der Ton einen Teil des Wassers aufnimmt. Anschließend die Samen in der Schale unter frischem Wasser abspülen und gut abtropfen lassen, bis sich darin nur noch die feuchten Samen befinden.

7 Setzen Sie nun die Schalen nach der Gebrauchsweisung des Herstellers zusammen.

8 Die Samen ca. alle 12 Stunden, mindestens aber 2-mal täglich, wässern und gründlich abgießen. Stehendes Wasser unbedingt vermeiden! Halten Sie beim Wässern und Abgießen einen festen Zeitplan ein. Ihre Sprossen werden Ihnen das tägliche Bad danken. Unregelmäßiges Wässern kann das Wachstum ungünstig beeinflussen.

9 Mini-Blattgemüse ist ab dem ersten Einweichen in der Regel nach 5 bis 7 Tagen verzehrfertig. Dill und Fenchel brauchen 8 bis 10 Tage, Zwiebel und Knoblauch bis zu 2 Wochen.

10 Vor dem Ernten das Mini-Blattgemüse zur Chlorophyllbildung ein paar Stunden dem Tageslicht aussetzen.

11 Und zu guter Letzt: ernten und genießen.

# MINI-BLATTGEMÜSE IM EASYGREEN KEIMAUTOMATEN ZIEHEN

**1** Setzen Sie das Gerät nach der Anleitung des Herstellers zusammen. Über den mitgelieferten Timer können Samen bzw. Sprossen regelmäßig in bis zu 15 Minuten langen Intervallen befeuchtet werden.

**2** Halten Sie sich an die Tipps im Abschnitt „Sprossen und Hygiene" (Seite 50 f.): Keimplatte und Keimschalen in warmem Wasser mit Spülmittel reinigen, dann heiß abspülen. Nur sauberes, frisches Wasser zum Befüllen des Wassertanks verwenden. Hände waschen, bevor Sie Samen oder Sprossen anfassen. Stellen Sie sicher, dass die Abflusslöcher von Keimplatte und Keimschalen nicht verstopft sind. Ansonsten die Löcher mit einer Nadel oder einer aufgebogenen Büroklammer reinigen.

**3** Falls Sie Dünger verwenden wollen, füllen Sie ihn in den Wassertank.

**4** Bei Verwendung eines Keimautomaten entfällt das sonst notwendige Einweichen der Samen. Benetzen Sie den Boden der Keimschalen mit Wasser, damit die Samen besser an der Oberfläche haften. Samen in einer dünnen Lage ausstreuen und durch vorsichtiges Hin-und-her-Bewegen der Schale gleichmäßig auf dem Boden verteilen.

**5** Stellen Sie die gefüllte Keimschale zusammen mit den leeren Schalen in die Keimkammer. Die gefüllte Schale kommt ganz nach rechts, die leeren links davon. Die gefüllte Schale wandert jeden Tag eins weiter nach links, neu angesäte Schalen kommen ganz nach rechts. So behalten Sie den Überblick und haben jeden Tag genügend frische Sprossen.

**6** Mini-Blattgemüse ist in der Regel nach 5 bis 7 Tagen verzehrfertig. Dill und Fenchel brauchen 8 bis 10 Tage, Zwiebel und Knoblauch bis zu 2 Wochen. Diese Zeiten können sich bei Verwendung eines Keimautomaten verkürzen, weil die Samen öfter und regelmäßiger gewässert werden. Geleerte Schalen gleich wieder neu ansäen, um die Versorgungskette nicht zu unterbrechen.

**7** Und zu guter Letzt: ernten und genießen.

BESTIMMTE SAMEN WIE LEIN-, CHIA- SOWIE FLOHSAMEN UND DIE SAMEN VON RUCOLA UND KRESSE BILDEN EINE GELARTIGE SCHICHT, SOBALD SIE MIT WASSER IN BERÜHRUNG KOMMEN. BEI SENF IST DIE SCHLEIMBILDUNG NICHT GANZ SO STARK AUSGEPRÄGT. AUFGRUND DIESER SCHLEIMBILDUNG KANN MAN DIE SPROSSEN NICHT AUF DIE ÜBLICHE WEISE IM GLAS ODER IN DER SCHALE ZIEHEN. DIESE SAMEN BRAUCHEN EINE SONDERBEHANDLUNG, DAMIT AUS DEM „VERSCHLEIMTEN" SAATGUT KNACKIGE SPROSSEN WERDEN. WENN SIE WISSEN, WIE SIE MIT DIESEN SAMEN UMGEHEN MÜSSEN, WERDEN SIE SIE IN IHRER SPROSSENGÄRTNEREI NICHT MEHR MISSEN WOLLEN.

## KAPITEL 7

# SCHLEIM BILDENDE SAMEN

In ihrem Nährwert stehen Schleim bildende Samen dem Mini-Blattgemüse kaum nach. Die Sprossen von Lein-, Chia- und Flohsamen sind milder im Geschmack. Rucolasprossen haben denselben charakteristisch scharfen Geschmack wie Rucolablätter. Kresse hat dagegen eine pfeffrige Note.

Flachs ist eine alte Kulturpflanze, die aus dem Mittelmeerraum stammt. Aus seinen Fasern wurde einst Leinwand gesponnen und aus dem Samen, dem Lein, wird Leinöl gepresst. Leinöl enthält viel Ð-Linolensäure, die zur Gruppe der Omega-3-Fettsäuren gehört und als Nahrungsergänzungsmittel verwendet wird. Sie können Leinsamen aber auch mahlen und als Schrot verzehren, um in den Genuss ihrer wertvollen Inhaltsstoffe zu kommen. Ganze Leinsamen kann der Körper nicht verwerten. Sie passieren den Magen-Darm-Trakt unverdaut. Im Darm nehmen Leinsamen Wasser auf, quellen auf und erleichtern so die Darmpassage. Wenn Sie Leinsamen, ganz oder gemahlen, zur Anregung der Darmtätigkeit einnehmen, sollten Sie dazu mindestens einen Viertelliter Wasser trinken, da Leinsamen sehr viel Flüssigkeit absorbieren. Leinsamen ist glutenfrei.

Chia ist eine alte, aus Südamerika stammende Kulturpflanze, die schon von den Azteken angebaut wurde und für sie ein wirtschaftlich bedeutsames Grundnahrungsmittel war. Der Nährstoffgehalt der Samen ist sehr hoch und sie können ohne weitere Verarbeitung verzehrt werden. Chiasamen enthalten bis zu 38 Prozent Chiaöl, das reich an Ð-Linolensäure und Linolsäure ist. Sie sind darüber hinaus gluten- und cholesterinfrei. 30 Gramm Chiasamen enthalten 12 Gramm Ballaststoffe, zwischen 18 und 23 Prozent Eiweiß sowie Kalzium. Chiasamen können Sie ganz oder gemahlen in Smoothies geben oder einfach über den Salat streuen. Verwenden Sie Chiasamen doch einmal anstelle von Leinsamen, Sesam oder Mohn in Ihren Rezepten. Mit Wasser oder Saft vermischt sind Chiasamen ein natürliches Abführmittel.

Flohsamen sind die Samenschalen der Wegerichart *Plantago ovata*. Sie sind pur oder als Zutat zu Müsli oder Brot in erster Linie als natürliches Abführmittel bekannt. Die Sprossen von Rucola und Kresse verleihen Salaten eine einzigartige delikate Geschmacksnote.

# SCHLEIM BILDENDE SAMEN KEIMEN LASSEN

Schleim bildende Samen zu keimen, gelingt am einfachsten, wenn Sie sie mit einer kleinen Menge anderer, „unkomplizierter" Samen vermischen. Möchten Sie beispielsweise 4 Esslöffel (ca. 25 Gramm) Alfalfa oder Rotklee ziehen, dann können Sie 1 Esslöffel davon durch Chia-, Rucola-, Kresse-, Floh- oder Leinsamen ersetzen. Die Schleimstoffe werden dann durch die anderen Samen „verdünnt" und die gesamte Kultur keimt ganz normal.

Schleim bildende Samen können Sie auch problemlos im Glas oder in der Schale ziehen, wenn Sie sie wie beschrieben mit anderen, nicht Schleim bildenden Samen mischen.

Wenn Sie aber nur Sprossen von Chia, Rucola, Kresse, Plantago ovata oder Lein ziehen wollen, haben Sie drei Möglichkeiten: in Erde, auf Keimvlies oder in Terrakotta-Keimschalen.

# SCHLEIM BILDENDE SAMEN IN ERDE ZIEHEN

Die beim Keimen entstehenden Schleimstoffe werden von der Erde aufgenommen, sodass sich die Sprossen ganz normal entwickeln. Verwenden Sie dafür nur biologische Pflanzerde von guter Qualität. Da Sie Sprossen ziehen und keine ausgewachsenen Pflanzen, brauchen Sie nur wenig Erde. Weichen Sie die Samen nicht ein, da diese sonst nicht wie gewünscht keimen.

1 Halten Sie sich an die Tipps im Abschnitt „Sprossen und Hygiene" (Seite 50 f.): Verwenden Sie nur sauberes, frisches Wasser. Waschen Sie sich die Hände, bevor Sie Samen oder Sprossen anfassen.

2 Füllen Sie einen geeigneten Topf oder ein Pflanzgefäß mit Erde.

3 Verteilen Sie die trockenen Samen gleichmäßig auf der Erde.

**4** Bedecken Sie die Samen mit einer dünnen Erdschicht (maximal 5 Millimeter). Sie soll die Samen während des Keimens vor dem Austrocknen bewahren.

**5** Halten Sie die Erde feucht, aber nicht nass.

**6** Falls Sie Dünger verwenden, die keimenden Samen per Sprühflasche leicht mit Düngerlösung besprühen.

**7** In Erde gezogene Sprossen sind nach 5 bis 7 Tagen verzehrfertig.

**8** Setzen Sie die Sprossen vor dem Ernten ein paar Stunden dem Tageslicht aus, damit sich Chlorophyll bilden kann.

**9** Zum Ernten die Sprossen aus der Erde zupfen oder knapp darüber abschneiden. Vor dem Verzehr Erde gut abspülen. Die Erde kann kompostiert und für eine neue Anzucht verwendet werden.

# SCHLEIM BILDENDE SAMEN AUF VLIES IN DER KEIMSCHALE ZIEHEN

Schleim bildende Samen lassen sich in der Keimschale anstelle von Erde auch auf einem Keimvlies ziehen. Ein solches Keimvlies kann ein Mehrfaches seines Eigengewichts an Wasser aufnehmen. Meistens führen Läden bzw. Online-Shops, die Keimgeräte anbieten, diesen sogenannten Substratersatz in ihrem Sortiment (siehe *Bezugsquellen* auf Seite 153).

3

1 Halten Sie sich an die Tipps im Abschnitt „Sprossen und Hygiene" (Seite 50 f.): Keimschale in warmem Wasser mit Spülmittel reinigen, dann heiß ausspülen. Nur sauberes, frisches Wasser verwenden. Hände waschen, bevor Sie Samen oder Sprossen anfassen.

2 Den Boden der Schale mit Keimvlies auslegen. Eventuell passend zuschneiden.

3 Samen gleichmäßig in die Schale streuen.

4 Samen und Keimvlies wässern und gut abtropfen lassen. In der Schale darf kein stehendes Wasser zurückbleiben.

5 Falls Sie Düngerlösung verwenden, die keimende Saat mit der Sprühflasche leicht besprühen.

6 Keimschalen werden zum Teil auch mit Auffangschale und Deckel angeboten. Sie lassen sich einzeln verwenden, können aber auch zu einem Turm kombiniert werden. Dadurch wird eine Art Gewächshaus-Effekt erzeugt, sodass die Samen während des Keimens nicht austrocknen. Halten Sie sich bei der Verwendung solcher Modelle an die Gebrauchsanweisung des Herstellers.

**7** Die Samen ca. alle 12 Stunden, mindestens aber 2-mal täglich, wässern und gründlich abgießen. Halten Sie beim Wässern und Abgießen einen festen Zeitplan ein. Ihre Sprossen werden Ihnen das tägliche Bad danken. Unregelmäßiges Wässern kann das Wachstum ungünstig beeinflussen. Eile mit Weile: Lassen Sie den Samen genügend Zeit für ihre tägliche Dusche.

**8** Die Sprossen brauchen auf Vlies 5 bis 7 Tage, bis sie geerntet werden können.

**9** Setzen Sie die Sprossen vor dem Ernten ein paar Stunden dem Tageslicht aus, damit sich Chlorophyll bilden kann.

**10** Sprossen oberhalb des Vlieses abschneiden. Benutzte Keimvliese können nicht wiederverwendet werden.

# SCHLEIM BILDENDE SAMEN IN TERRAKOTTA-KEIMSCHALEN ZIEHEN

2

4

4

**1** Halten Sie sich an die Tipps im Abschnitt „Sprossen und Hygiene" (Seite 50 f.): Keimgerät unter fließendem Wasser mit einer Bürste säubern. Schalen gelegentlich mit Essigwasser reinigen. Nur sauberes, frisches Wasser verwenden. Die Hände waschen, bevor Sie Samen oder Sprossen anfassen. Stellen Sie sicher, dass die Abflusslöcher der Schalen nicht verstopft sind. Falls nötig können Sie die Löcher mit einer Nadel oder einer aufgebogenen Büroklammer reinigen.

**2** Bevor Sie die eingeweichten Samen in die Terrakottaschalen füllen, sollten Sie die Schalen für 5 bis 15 Minuten in klares Wasser legen, damit sich die feinporigen Wände mit Wasser vollsaugen können.

**3** Schalen aus dem Wasser nehmen.

**4** Samen gleichmäßig einstreuen.

5 Die Samen wässern und das Wasser ablaufen lassen. Das kann ein paar Minuten dauern, weil der Ton einen Teil des Wassers aufnimmt. In der Schale bleiben nur die feuchten Samen zurück.

6 Falls Sie Düngerlösung verwenden, diese mit der Sprühflasche verteilen.

7 Terrakottaschalen nach der Gebrauchsanweisung des Herstellers zusammensetzen.

8 Die Samen ca. alle 12 Stunden, mindestens aber 2-mal täglich, wässern und gründlich abgießen. Stehendes Wasser vermeiden! Halten Sie beim Wässern und Abgießen einen festen Zeitplan ein. Ihre Sprossen werden Ihnen das tägliche Bad danken. Unregelmäßiges Wässern kann das Wachstum hemmen.

9 Nach 5 bis 7 Tagen können die Sprossen geerntet werden.

10 Setzen Sie sie vor dem Ernten ein paar Stunden dem Tageslicht aus, damit sich Chlorophyll bilden kann.

11 Und zu guter Letzt: ernten und genießen.

## KAPITEL 8

# GRÜNKRAUT

SONNENBLUMENKERNE, BUCHWEIZEN, ZUCKERERBSEN UND AUCH AZUKI- ODER MUNGBOHNEN EIGNEN SICH VORZÜGLICH, UM DARAUS GRÜNKRAUT ZU ZIEHEN. DIESE SAMEN BRINGEN GRÖSSERE SPROSSEN HERVOR. ES DAUERT ALSO BIS ZUR ERNTE ETWAS LÄNGER. GRÜNKRAUT KANN WEGEN SEINES MILDEN GESCHMACKS GUT ALS SALAT VERZEHRT WERDEN. AUFGRUND SEINES HOHEN WASSERGEHALTS LÄSST ES SICH AUCH GUT ENTSAFTEN. DA GRÜNKRAUT RELATIV HOCH WIRD, ZIEHEN SIE ES AM BESTEN IN KEIMSCHALEN.

Grünkraut von Sonnenblume, Buchweizen und Zuckererbse ist glutenfrei. Sie können es auch als Ersatz für Weizengrassaft verwenden, wenn Sie eine Glutenunverträglichkeit haben. Bei Buchweizen handelt sich weder um Weizen noch um Getreide. Er ist vielmehr ein Verwandter von Sauerampfer, Knöterich und Rhabarber. Grünkraut versorgt uns mit Chlorophyll, Vitaminen, Mineralien und Ballaststoffen.

Nicht enthalten sind dagegen Fett und Cholesterin! Grünkraut enthält wenig Natrium, dafür aber gute, vollwertige Kohlenhydrate, die unser Körper braucht, um gut funktionieren zu können.

# GRÜNKRAUT ZIEHEN

Grünkraut können Sie in Erde oder auf Keimvlies ziehen. Sonnenblume, Buchweizen und Zuckererbsen werden gewöhnlich in größeren Pflanzschalen angesät, sodass Sie immer gleich größere Mengen ernten können. Auch Azuki- und Mungbohnen lassen sich gut in Pflanzschalen ziehen. Pflanzschalen für die Sprossenzucht sind in der Regel als Set erhältlich, bestehend aus der Pflanzschale, deren Boden Abflusslöcher hat, und einer Auffangschale für das ablaufende Wasser. So können Erde oder Wasser nicht auf die Stellfläche in Ihrer Küche gelangen. Sie können auch kleinere Schalen verwenden, wenn Sie nicht so viel Grünkraut ziehen wollen, aber es ist so schmackhaft und vielseitig verwendbar, dass Sie mit Sicherheit bald auf größere Mengen umsteigen werden. Grünkraut lässt sich auch ohne Erde auf einem Keimvlies ziehen. Ein solches Keimvlies kann ein Mehrfaches seines Eigengewichts an Wasser aufnehmen. Meistens führen Läden bzw. Online-Shops, die Keimgeräte anbieten, auch Keimvliese in ihrem Sortiment (siehe *Bezugsquellen* auf Seite 153).

Grünkraut gedeiht auch im EasyGreen Keimautomaten sehr gut. Verwenden Sie die große Keimplatte, die die gesamte Keimkammer ausfüllt, um Grünkraut in größerer Menge für den Verzehr oder auch zum Entsaften zu ziehen.

Grünkraut braucht zwischen 8 und 10 Tagen, bis es geerntet werden kann. Je nach Umgebungstemperatur kann diese Zeitspanne aber auch etwas kürzer oder länger ausfallen. Damit das Grünkraut seinem Namen Ehre macht, müssen Sie es vor dem Ernten dem Tageslicht aussetzen. Dadurch wird die Fotosynthese angestoßen und es bildet sich Chlorophyll. Das dauert nur wenige Stunden. Wenn Sie das Grünkraut morgens ans Licht stellen, können Sie es schon mittags ernten.

### SPROSSEN AUS POPCORN-MAIS

**Wussten Sie schon, dass man auch aus Popcorn -Mais Sprossen ziehen kann?**

Allerdings ist die Sorte Popcorn, die man abends vor dem Fernseher oder im Kino wegnascht, nicht geeignet. Sie brauchen dafür schon frischen Popcorn-Mais. Die Sprossen müssen im Dunkeln gezogen werden, damit sie schön weiß bleiben. Dann sind sie so richtig knackig und fast so süß wie Zucker. Sobald sie grün werden, sich also Chlorophyll bildet, werden sie jedoch zäh und bitter. Popcorn-Maissprossen können nach etwa 10 Tagen geerntet werden und sind der Liebling vieler Küchenchefs. Trennen Sie die Sprossen vom Maiskorn ab und genießen Sie die süße Versuchung!

# GRÜNKRAUT IN DER KEIMSCHALE AUF ERDE ZIEHEN

**1** Halten Sie sich an die Tipps im Abschnitt „Sprossen und Hygiene" (Seite 50 f.): Verwenden Sie nur sauberes, frisches Wasser. Waschen Sie sich die Hände, bevor Sie Samen oder Sprossen anfassen.

**2** Samen abmessen und in einem geeigneten Gefäß über Nacht einweichen. Bei längerer Einweichzeit (bis zu 24 Stunden) das Einweichwasser nach 12 Stunden wechseln.

**3** Falls Sie Dünger verwenden: Geben Sie diesen ins Einweichwasser oder versorgen Sie die keimenden Samen per Sprühflasche mit Düngerlösung.

**4** Einweichwasser abgießen. Die Samen wässern und das Wasser abgießen. Es dürfen nur die feuchten Samen zurückbleiben.

**5** Erde in die Pflanzschale mit Abflusslöchern füllen.

**6** Die Samen gleichmäßig auf der Erde verteilen.

**7** Samen mit einer dünnen Erdschicht (maximal 5 Millimeter) bedecken, sodass sie vor dem Austrocknen geschützt sind.

**8** Pflanzschale in Auffangschale stellen, um Wasser oder Erde aufzufangen.

**9** Durchsichtigen Deckel auf Pflanzschale setzen, wenn Sie einen Gewächshaus-Effekt erzeugen wollen.

**10** Halten Sie die Erde feucht, aber nicht nass.

**11** In Erde gezogenes Grünkraut ist nach 8 bis 10 Tagen verzehrfertig.

**12** Setzen Sie das Grünkraut vor dem Ernten ein paar Stunden dem Tageslicht aus, damit sich Chlorophyll bilden kann.

**13** Grünkraut oberhalb des Wurzelbereichs abschneiden und unter fließendem Wasser gut abspülen. Die Erde kann kompostiert werden.

# GRÜNKRAUT IN DER KEIMSCHALE AUF KEIMVLIES ZIEHEN

**1** Halten Sie sich an die Tipps im Abschnitt „Sprossen und Hygiene" (Seite 50 f.): Keimschale in warmem Wasser mit Spülmittel reinigen, dann heiß ausspülen. Nur sauberes, frisches Wasser verwenden. Hände waschen, bevor Sie Samen oder Sprossen anfassen.

**2** Die gewünschte Menge Samen abmessen und in einem geeigneten Gefäß über Nacht einweichen (8 bis 10 Stunden). Bei längerer Einweichzeit (24 Stunden) das Einweichwasser nach 12 Stunden wechseln.

**3** Sollten Sie Dünger verwenden, diesen dem Einweichwasser zugeben. Oder die keimenden Samen per Sprühflasche mit Düngerlösung versorgen.

**4** Den Boden der Pflanzschale mit Keimvlies auslegen. Falls nötig passend zuschneiden.

**5** Einweichwasser abgießen und die Samen in die Pflanzschale füllen.

5

9

**6** Samen und Vlies unter fließendem Wasser abspülen, das Wasser gut abtropfen lassen. Es darf sich kein stehendes Wasser bilden.

**7** Pflanzschale in die Auffangschale stellen.

**8** Durchsichtigen Deckel auf die Pflanzschale setzen, um einen Gewächshaus-Effekt zu erzeugen.

**9** Die Samen alle 12 Stunden, mindestens aber 2-mal täglich, wässern und gründlich abgießen. Halten Sie beim Wässern und Abgießen einen festen Zeitplan ein. Ihre Sprossen werden Ihnen das tägliche Bad danken. Unregelmäßiges Wässern kann das Wachstum ungünstig beeinflussen. Und lassen Sie den Samen genügend Zeit für ihre tägliche Dusche.

**10** Nach 8 bis 10 Tagen ist das Grünkraut verzehrfertig.

**11** Setzen Sie es vor dem Ernten ein paar Stunden dem Tageslicht aus, damit sich Chlorophyll bilden kann.

**12** Grünkraut knapp oberhalb des Vlieses abschneiden und unter fließendem Wasser gut abspülen.

# GRÜNKRAUT IM EASYGREEN KEIMAUTOMATEN ZIEHEN

**1** Setzen Sie das Gerät nach der Anleitung des Herstellers zusammen. Über den mitgelieferten Timer können Samen bzw. Sprossen regelmäßig in bis zu 15 Minuten langen Intervallen befeuchtet werden.

**2** Halten Sie sich an die Tipps im Abschnitt „Sprossen und Hygiene" (Seite 50 f.): Keimplatte und Keimschalen in warmem Wasser mit Spülmittel reinigen, dann heiß abspülen. Nur sauberes, frisches Wasser zum Befüllen des Wassertanks verwenden. Hände waschen, bevor Sie Samen oder Sprossen anfassen. Stellen Sie sicher, dass die Abflusslöcher von Keimplatte und Keimschalen nicht verstopft sind. Ansonsten die Löcher mit einer Nadel oder einer aufgebogenen Büroklammer reinigen.

5

**3** Sollten Sie Dünger verwenden, dann füllen Sie ihn in den Wassertank.

**4** Bei Verwendung eines Keimautomaten entfällt das Einweichen der Samen. Benetzen Sie den Boden der Keimschalen mit Wasser, damit die Samen besser an der Oberfläche haften. Streuen Sie die Samen in einer dünnen Lage aus und verteilen Sie sie durch vorsichtiges Hin-und-her-Bewegen der Schale gleichmäßig.

**5** Stellen Sie Keimschalen bzw. Keimplatte in die Keimkammer. Wenn Sie Keimschalen verwenden, setzen Sie auch die leeren in die Keimkammer. Die gefüllte Schale kommt ganz nach rechts, die leeren links davon. Die gefüllte Schale wandert dann jeden Tag eins weiter nach links, neu angesäte Schalen kommen ganz nach rechts. So können Sie jeden Tag frische Sprossen ernten.

**6** Grünkraut ist in der Regel nach 8 bis 10 Tagen verzehrfertig. Durch das häufigere und regelmäßigere Befeuchten im Keimautomaten können sich diese Zeiten verkürzen. Geleerte Schalen gleich wieder neu ansäen, um die Versorgungskette nicht zu unterbrechen.

**7** Und zu guter Letzt: Grünkraut ernten und genießen.

KAPITEL 9

# GRÄSER

WEIZEN- ODER GERSTENGRAS SELBST ZU ZIEHEN IST EINE LOHNENDE UND WOHLTUENDE BESCHÄFTIGUNG, DIE DEN GELDBEUTEL ENTLASTET UND UNSEREN KÖRPER STÄRKT. DIE BEIDEN GRÄSER STROTZEN NUR SO VOR GESUNDEM BLATTGRÜN. ENTSAFTET UND REGELMÄSSIG GENOSSEN SIND SIE EIN WAHRES LEBENSELIXIER.

**Unsere körperlichen Reaktionen auf Weizengrassaft können sehr unterschiedlich sein. Zur Erhaltung Ihrer Gesundheit beginnen Sie am besten mit der kleinen Menge von 1 Teelöffel (5 Milliliter) täglich und steigern die Dosis allmählich auf 60 Milliliter. Nehmen Sie den Saft eine halbe Stunde, bevor Sie etwas essen oder trinken, auf nüchternen Magen zu sich.**

**Weizengrassaft kann bei manchen Menschen mit Glutenunverträglichkeit Probleme hervorrufen, während andere den Saft ausgezeichnet vertragen. Wenn Sie auf Weizen- oder Gerstengrassaft allergisch reagieren, wechseln Sie am besten auf das glutenfreie Grünkraut von Sonnenblume, Buchweizen oder Zuckererbse. Auch Alfalfa ist eine gute, glutenfreie Chlorophyll-Quelle. Zum Entsaften dieser Sorten reicht ein gewöhnlicher Haushaltsentsafter aus. Das Grünkraut von Sonnenblume, Buchweizen, Zuckererbse und Alfalfa können Sie aber auch verzehren, ohne es zu entsaften.**

# ENTSAFTER

Im Gegensatz zu den Mägen von Wiederkäuern wie Schafen, Ziegen oder Kühen tut sich das menschliche Verdauungssystem schwer damit, die Zellwände von Gras aufzubrechen und seine Nährstoffe für den Körper verfügbar zu machen.

Wiederkäuer sind Pflanzenfresser, ihr Magen besteht in der Regel aus vier Abschnitten. Das nur grob gekaute Gras wandert zunächst in den Pansen, den ersten Magenabschnitt, wo es von diversen Mikroorganismen vorverdaut wird. Zur weiteren Verdauung wird es zwischen Pansen und Netzmagen, dem zweiten Magenabschnitt, hin und her bewegt, um dann zur weiteren Zerkleinerung in die Mundhöhle zurückbefördert zu werden. Von dort geht es wieder zurück in den Netzmagen, der den ausreichend zerkleinerten Nahrungsbrei in den Blättermagen, den dritten Magenabschnitt, befördert. Hier wird der Nahrungsbrei durch Wasserentzug eingedickt und schließlich an den Labmagen, den vierten Magenabschnitt, weitergegeben, wo dann endlich die eigentliche Verdauung beginnt.

In Ermangelung eines Wiederkäuermagens hat der Mensch den Entsafter erfunden, um an das Chlorophyll und andere wertvolle Nährstoffe im Gras heranzukommen.

Weizengrasentsafter sind im Fachhandel und in Online-Shops als manuelle oder elektrische Saftpressen erhältlich (siehe *Bezugsquellen* auf Seite 153). Beide Varianten trennen das Gras mithilfe einer Press-Schnecke (die wie eine große Schraube aussieht) durch mechanischen Druck in seine festen und flüssigen Bestandteile auf.

Manuelle Entsafter sind eine kostengünstige Alternative, fordern uns dafür jedoch etwas mehr Zeit- und Kraftaufwand ab als ihre elektrischen Pendants. Doch bei Stromausfall oder wenn weit und breit keine Steckdose verfügbar ist, ist es gut, einen manuellen Entsafter zur Hand zu haben. Manuelle Entsafter sollten aus rostfreiem Edelstahl bestehen, da dieser hygienischer und leichter zu reinigen ist.

Elektrische Entsafter sind in der Anschaffung teurer, doch die Ausgabe rechnet sich im Laufe der Zeit. Sie verbrauchen zwar Strom, ersparen Ihnen dafür aber Zeit und Arbeit. Und mit manchen dieser Geräte können Sie nicht nur Gräser, sondern auch Obst und Gemüse entsaften. Angesichts der relativ hohen Anschaffungskosten sollten Sie sich vor dem Kauf gründlich informieren und überlegen, welches Gerät Ihre Anforderungen am besten erfüllt.

Achten Sie beim Kauf darauf, ob man das Gerät gut auseinandernehmen und reinigen kann, sodass Sie es bei Nichtgebrauch schnell wegräumen können. Sollten Sie bereits einen Hochleistungsmixer besitzen, können Sie damit auch Weizengrassaft machen. Füllen Sie den Mixer mit Wasser und geben Sie dann die in 2 bis 3 Zentimeter lange Stücke geschnittenen Gräser dazu. Mixen Sie das Ganze ein paar Sekunden lang auf höchster Geschwindigkeit, wobei sich etwas Schaum bilden kann. Anschließend können Sie das Mixgut abseihen oder stehen lassen, bis sich die festen Bestandteile gesetzt haben. Grassaft aus dem Mixer ist wegen der Wasserzugabe jedoch weniger konzentriert.

Sollten Sie den Geschmack von Weizen- oder Gerstengrassaft nicht mögen, mixen Sie ihn mit anderen Säften aus grünem (Blatt-)Gemüse. Wenn Sie Grassaft mit Obst oder nicht-grünem Gemüse mischen, wird das Chlorophyll verdünnt und seine Wirksamkeit wird abgeschwächt. Probieren Sie es doch mal mit Stangensellerie, Spinat oder Grünkohl aus. Auch die Sprossen von Brokkoli, Alfalfa, Rotklee und Grünkohl sind einen Versuch wert. Radieschen- und Senfsprossen sorgen für Pepp und das gewisse Extra.

# SCHIMMEL UND MEHLTAU

Während des Wachstums entwickeln Gräser durch den Stoffwechsel auch Wärme. Ähnlich wie beim Menschen, dessen Körpertemperatur im Durchschnitt bei ca. 37 °C liegt.

Schimmel entsteht durch Feuchtigkeit und Wärme. Um Schimmelbefall zu verhindern, müssen Sie das sprossende Gras abkühlen. Dazu stellen Sie es am besten ein paar Stunden lang oder über Nacht in den Kühlschrank. Natürlich können Sie auch einen Ventilator verwenden. Das hat zudem den Vorteil, dass das Gras gut durchlüftet wird. Wenn Sie Ihr Gras in Pflanzerde ziehen, sollte der pH-Wert der Erde bei 7 oder etwas höher liegen, da Gräser alkalische Böden mögen.

Und beachten Sie unbedingt: Wenn Sie den Verdacht haben, Ihre Gräser könnten von Mehltau oder Schimmel befallen sein, dürfen Sie diese keinesfalls verwenden! Entsorgen Sie die gesamte Kultur, sterilisieren Sie alle Gerätschaften und setzen Sie eine neue Kultur an. Kopf hoch! Selbst altgedienten Sprossengärtnern kann so etwas passieren.

HANDBETRIEBENER WEIZENGRASENTSAFTER

# WIE SIE GRÄSER ZIEHEN

Da Gräser relativ lange brauchen, bis sie geerntet werden können, zieht man sie am besten in Schalen. Wenn Sie bei der Anzucht in Erde oder auf Vlies biologischen Dünger verwenden, kann der Saft zu einer guten Quelle für Mineralstoffe, Aminosäuren und Vitamine werden.

Da die Saftausbeute sehr gering ist, müssen Sie stets größere Mengen Gras ziehen. Gut geeignet sind Pflanzschalen, wie sie auch Gärtnereien verwenden. Wichtig ist, dass die Schalen Abflusslöcher haben. Ideal sind Sets aus Pflanzschale und Auffangschale (natürlich ohne Löcher im Boden). 150 bis 200 Gramm Samen, in einer 25 x 50 Zentimeter großen Schale gezogen, ergeben Gras für 180 bis 235 Milliliter Saft.

Grassamen kann man auch auf Vlies keimen lassen. Es ersetzt die Erde und kann ein Vielfaches seines Eigengewichts an Wasser aufnehmen. Keimvliese bekommen Sie bei Anbietern von Keimgeräten (siehe *Bezugsquellen* auf Seite 153).

Gräser gedeihen auch im EasyGreen Keimautomaten gut. Da Sie zum Entsaften große Mengen Gras brauchen, verwenden Sie am besten die Keimplatte, die das ganze Gerät ausfüllt.

Doch bevor Sie Gräser ernten können, müssen sie erst noch Chlorophyll ausbilden. Dazu genügt es, die Kultur morgens für ein paar Stunden ans Licht zu stellen. Schon am Mittag können Sie dann die grünen Pflänzchen verarbeiten.

Für Weizengrassaft sollten Sie Hartweizen verwenden, für Gerstengrassaft Vollgerste. Natürlich können Sie auch Gräser aus anderen Samen ziehen. Nährwert und Geschmack sind mit kleinen Schwankungen bei allen Gräsern etwa gleich. Versuchen Sie es doch einmal mit Roggen und Hafer. Sie dürfen die Körner auch mischen, da sie etwa gleich schnell wachsen.

# GRÄSER IN DER KEIMSCHALE AUF ERDE ZIEHEN

**1** Halten Sie sich an die Tipps im Abschnitt „Sprossen und Hygiene" (Seite 50 f.): Verwenden Sie nur sauberes, frisches Wasser. Waschen Sie sich die Hände, bevor Sie Samen oder Sprossen anfassen.

**2** Die gewünschte Menge Samen abmessen und in einem geeigneten Gefäß über Nacht einweichen (8 bis 10 Stunden). Bei längerer Einweichzeit (24 Stunden) das Einweichwasser nach 12 Stunden wechseln.

**3** Falls Sie Dünger verwenden, diesen dem Einweichwasser zugeben. Alternativ das Gras im Wurzelbereich per Sprühflasche mit Düngerlösung versorgen.

**4** Das Einweichwasser abgießen. Samen wässern und das Wasser vollständig abgießen. Im Gefäß bleiben nur die feuchten Samen zurück.

**5** Die Pflanzschale mit Erde füllen.

**6** Samen gleichmäßig in einer dünnen Schicht einstreuen.

**7** Die Samen mit einer dünnen Erdschicht bedecken, damit sie nicht austrocknen.

**8** Pflanzschale in die Auffangschale stellen.

**9** Eventuell einen durchsichtigen Deckel auf die Pflanzschale setzen, damit ein Gewächshaus-Effekt entsteht.

**10** Die Erde feucht halten, aber nicht nass.

**11** Das Gras braucht in Erde gezogen etwa 10 Tage, bis es verzehrfertig ist.

**12** Setzen Sie das Gras vor dem Ernten ein paar Stunden dem Tageslicht aus, damit sich Chlorophyll bilden kann.

**13** Gras oberhalb der Erde abschneiden und unter fließendem Wasser gut abspülen. Anschließend entsaften.

**14** Nach der Ernte kommt es zu einem zweiten Austrieb, der ebenso verwendet werden kann. Die Erde lässt sich kompostieren.

# GRÄSER IN DER SCHALE AUF VLIES ZIEHEN

2

1 Halten Sie sich an die Tipps im Abschnitt „Sprossen und Hygiene" (Seite 50 f.): Keimschale in warmem Wasser mit Spülmittel reinigen, dann heiß ausspülen. Nur sauberes, frisches Wasser verwenden. Hände waschen, bevor Sie Samen oder Sprossen anfassen.

2 Die gewünschte Menge Samen abmessen und in einem geeigneten Gefäß über Nacht einweichen (8 bis 10 Stunden). Bei längerer Einweichzeit (24 Stunden) das Einweichwasser nach 12 Stunden wechseln.

3 Falls Sie Dünger verwenden, diesen dem Einweichwasser zugeben. Oder das Gras im Wurzelbereich mit Düngerlösung besprühen.

4 Den Boden der Pflanzschale mit Vlies auslegen, dieses falls nötig passend zuschneiden.

5 Eingeweichte Samen in die Schale füllen.

6 Die Samen wässern und das Wasser ganz ablaufen lassen. In der Schale bleiben nur die feuchten Samen und das feuchte Vlies zurück.

5

6

**7** Pflanzschale in die Auffangschale stellen.

**8** Eventuell einen durchsichtigen Deckel auf die Pflanzschale setzen, um ein Gewächshaus-Klima zu erzeugen.

**9** Die Samen alle 12 Stunden, mindestens aber 2-mal täglich, wässern und gründlich abgießen. Stehendes Wasser vermeiden! Halten Sie beim Wässern und Abgießen einen festen Zeitplan ein. Ihre Sprossen werden Ihnen das tägliche Bad danken. Unregelmäßiges Wässern kann das Wachstum ungünstig beeinflussen. Keine Eile: Lassen Sie den Samen genügend Zeit für ihre tägliche Dusche.

**10** Nach etwa 8 bis 10 Tagen kann das Gras geerntet werden.

**11** Setzen Sie es vor dem Ernten ein paar Stunden dem Tageslicht aus, damit sich Chlorophyll bilden kann.

**12** Gras oberhalb des Vlieses abschneiden und unter fließendem Wasser gut abspülen. Dann entsaften.

**13** Nach der Ernte kommt es zu einem 2. Austrieb, der ebenso verwendet werden kann.

# GRÄSER IM EASYGREEN KEIMAUTOMATEN ZIEHEN

**1** Setzen Sie das Gerät nach der Anleitung des Herstellers zusammen. Über den mitgelieferten Timer können Samen bzw. Sprossen regelmäßig in bis zu 15 Minuten langen Intervallen befeuchtet werden.

**2** Halten Sie sich an die Tipps im Abschnitt „Sprossen und Hygiene" (Seite 50 f.): Keimplatte und Keimschalen in warmem Wasser mit Spülmittel reinigen, dann heiß abspülen. Nur sauberes, frisches Wasser zum Befüllen des Wassertanks verwenden. Hände waschen, bevor Sie Samen oder Sprossen anfassen. Stellen Sie sicher, dass die Abflusslöcher von Keimplatte und Keimschalen nicht verstopft sind. Ansonsten die Löcher mit einer Nadel oder einer aufgebogenen Büroklammer reinigen.

**3** Sollten Sie Dünger verwenden, dann füllen Sie ihn in den Wassertank.

**4** Bei Verwendung eines Keimautomaten entfällt das Einweichen der Samen. Befeuchten Sie den Boden der Keimplatte, sodass die Samen besser auf der Oberfläche haften. Streuen Sie die Samen in einer dünnen Lage aus und verteilen Sie sie gleichmäßig.

**5** Stellen Sie die gefüllte Keimplatte in die Keimkammer. Falls Sie Keimschalen verwenden, leere und angesäte Schalen gemeinsam in das Gerät stellen. Die gefüllte Schale kommt ganz nach rechts, die leeren links davon. Die gefüllte Schale wandert dann jeden Tag eins weiter nach links, neu angesäte Schalen kommen ganz nach rechts. So können Sie jeden Tag ausreichend Gras zum Entsaften ernten.

**6** Nach 8 bis 10 Tagen ist das Gras erntefertig. Durch das regelmäßigere und häufigere Befeuchten kann dieser Zeitraum auch kürzer ausfallen. Geleerte Schalen gleich wieder neu ansäen, damit Sie immer genügend Nachschub haben.

**7** Und zu guter Letzt: ernten, entsaften und dem Körper etwas Gutes tun.

# SPROSSEN FÜR HAUSTIERE

AUCH BEI UNSEREN HAUSGENOSSEN MIT FELL, FEDERN UND SCHUPPEN STEHT GEMÜSE AUF DEM SPEISEPLAN. MANCHE ERNÄHREN SICH AUSSCHLIESSLICH PFLANZLICH UND ANDERE NEHMEN NUR GELEGENTLICH GRÄSER ZU SICH. DURCH SPROSSEN KÖNNEN SIE DIE VERSORGUNG IHRES HAUSTIERS MIT PFLANZLICHER FRISCHKOST VERBESSERN.

Sprossen versorgen Ihr Haustier mit zusätzlichen Ballaststoffen und beugen vor gegen chronische Erkrankungen wie Herzleiden und Diabetes. Die darin enthaltenen Enzyme unterstützen seinen Stoffwechsel und sein Immunsystem. Bei Tieren, die auf einem Bauernhof leben, kann das Verfüttern von selbst gekeimten Gräsern helfen, um Wurmerkrankungen einzudämmen, da diese Gräser wurmfrei sind. Wurmerkrankungen ist gewöhnlich schwer beizukommen, da es immer wieder zur Neuansteckung kommt.

Sicherlich haben Sie auch schon gesehen, wie Hunde und Katzen draußen Gras kauen. Da Alfalfa und Rotklee ähnlich süß und mild schmecken, dürften Ihre Hausgenossen auch diese Pflänzchen mögen. Wenn Sie schon mal Katzengras gekauft haben, wissen Sie, dass solch eine kleine Schale Grünzeug ganz schön teuer ist. Katzengras wird normalerweise aus Hartweizen gezogen, also demselben Grundstoff, den wir für unser Weizengras nehmen. Manchmal verwendet man auch Mischungen aus Hartweizen, Roggen und Hafer. Für wenige Cents und mit nur geringem Aufwand können Sie Ihr Katzengras also selbst ziehen.

Es gibt Hundezüchter, die ihr eigenes Hundefutter herstellen, um sicherzustellen, dass ihre Welpen sich gesund entwickeln. Diese Rezepturen enthalten häufig einen bestimmten Anteil an Hülsenfrüchte-Sprossen. Werten auch Sie gekauftes oder selbst gemachtes Hundefutter mit frischen Sprossen auf.

Vögel sind in erster Linie Körnerfresser, über Nacht eingeweichte Samen werden daher gern angenommen. Hasen und andere Nagetiere lieben Sprossen, und auch Eidechsen und Schildkröten schätzen frisches Gemüse auf dem Speiseplan.

Vergessen wir auch jene Tiere nicht, die wir nicht als Haustiere halten, wie Schafe, Ziegen, Schweine und Geflügel. Gerade in den Wintermonaten, wenn kein Frischfutter zur Verfügung steht, werden sie Ihnen für frische Sprossen dankbar sein. Frisches Gerstengras hat schon so manche Kühe, Schafe und Ziegen erfreut.

Experimentieren Sie ruhig etwas, um herauszufinden, welche Samen bzw. Samenmischungen für Ihr Haustier geeignet sind. Sie kennen es schließlich am besten. Nicht jedes Tier liebt alle Samen oder Sprossen. Wenn Sie ihm täglich frische Sprossen geben, die es mag, wird es zufriedener und glücklicher sein.

## KAPITEL 10

# UND WAS FANGE ICH MIT ALL DEN SPROSSEN AN?

ANGENOMMEN, ES ÜBERFÄLLT SIE AUS HEITEREM HIMMEL EIN UNWIDERSTEHLICHES VERLANGEN NACH TACOS. NUN KÖNNTEN SIE SICH AUF DEN WEG ZUM NÄCHSTEN MEXIKANER ODER ZUM SUPERMARKT MACHEN. DOCH WIE WÄRE ES, WENN SIE DIE BENÖTIGTEN ZUTATEN ZU HAUSE HÄTTEN, UM IHRE EIGENEN TACOS ZU MACHEN?

Meistens sieht die Mittag- oder Abendessensplanung ja so aus, dass man im Kühlschrank oder in der Vorratskammer nachschaut, was die Vorräte hergeben, und dann daraus eine Mahlzeit zaubert: Nudeln mit Soße, dazu etwas Gemüse; eine Reispfanne, die Reste vom Vortag oder der Salat, der weg muss.

Und wenn Sie nun in der Küche stehen und plötzlich Lust auf Sprossen haben? Hätten Sie dann welche zur Hand und wäre es auch die richtige Sorte? In der Sprossenküche ist zwar ein wenig Planung nötig, doch es kostet Sie jede Woche nur ein paar Minuten, um immer fertige Sprossen parat zu haben.

Setzen Sie am besten jeden Tag eine frische Kultur an, so vermeiden Sie Lücken beim Nachschub. Wenn Sie am Sonntag Mini-Blattgemüse ansetzen, kann es am Wochenende darauf geerntet werden. Sobald die erste Kultur die richtige Größe hat, können Sie die Samen für eine zweite einweichen. Stellen Sie jedoch fest, dass Sie Ihre Ernte schneller aufbrauchen, können Sie schon zur Wochenmitte eine zusätzliche Kultur ansetzen. So haben Sie gleich zwei Kulturen und immer ausreichend reife Sprossen parat. Sprossen von Hülsenfrüchten und Getreide sind schon nach ein paar Tagen fertig. Sie könnten beispielsweise jeden zweiten Tag frische Hülsenfrüchte keimen. Oder eine größere Menge am Freitag, die dann am Sonntag fertig ist und für die ganze Woche reicht. Wechseln Sie regelmäßig die Sorten, so bringen Sie eine Vielzahl unterschiedlicher Nährstoffe und Aromen auf den Tisch.

Oder Sie wollen Sprossen für ein bestimmtes Rezept ziehen? Sie möchten Hummus zubereiten? Einfach Kichererbsen ein paar Tage vorher keimen lassen. Ein Pfannengericht zusammenstellen? Dazu brauchen Sie Mung- oder Azukibohnen. Weizengras entsaften? Eine Standard-Pflanzschale ergibt Gras für 180 bis 240 Milliliter Saft. Ist Ihr Konsum höher, müssen Sie entsprechend mehr Pflanzschalen ansäen. Was halten Sie von einer rohen Sprossensuppe? Dann einfach Sonnenblumenkerne einweichen und keimen lassen.

Kinder mögen Sprossen. Interessiert beobachten sie, wie die Samen sich verändern und zu kleinen Pflänzchen heranwachsen. Sie wollen wissen, wie die Sprossen schmecken und bedienen sich am liebsten gleich aus dem Keimgerät. Die häusliche Sprossengärtnerei weckt ihre Neugier. Außerdem lernen die Kleinen dabei etwas über das Wachstum von Pflanzen. Und sie maulen nicht mehr herum bei jedem Gemüse, das sie auf den Tisch bringen.

Sammeln Sie Ihre ersten Erfahrungen am besten mit den mild schmeckenden Sprossen von Alfalfa und Rotklee, die auch Kinder mögen. Sie wachsen schnell und sehen wunderbar frisch und grün aus. Auch Bockshornklee eignet sich gut, seine Samen und Sprossen schmecken nach Ahornsirup. Linsen, Mung- und Azukibohnen sind mild und leicht verdaulich. Wagen Sie sich dann an Sprossen mit intensiverem Geschmack wie Rettich oder Senf. Für ältere Kinder können Sie eine kleine Menge dieser Sprossen unter mildere Sorten mischen.

Der Verzehr von Gemüse und Sprossen verringert das Risiko, dass Ihre Kinder übergewichtig werden oder chronische Krankheiten entwickeln. Ihre Konzentration verbessert sich und damit auch ihre schulischen Leistungen. Das kindliche Immunsystem wird gestärkt und der Körper wird mit ausreichend Nährstoffen für ein gesundes Wachstum versorgt.

Und lassen Sie Ihre Kinder mitmachen beim Sprossenziehen. Sie können die Samen abmessen, einweichen, wässern und abgießen. Bald wissen sie, wie das geht mit der Sprossengärtnerei. Und was Hänschen gelernt hat, das vergisst Hans nimmermehr. Dann kann er sich sein Leben lang mit einem kalorienarmen, cholesterinfreien Lebensmittel versorgen.

Sprossen liefern uns Enzyme, die unser Körper für Stoffwechselprozesse wie die Verdauung braucht. Ihr Ballaststoffgehalt hält den Darm gesund. Und die vielen Vitamine, Mineralstoffe, Eiweiße und guten Kohlenhydrate tun ihr Übriges. Wenn Sie bei Ihren Kindern den Grundstein für gesunde Ernährungsgewohnheiten legen, werden sie diese später auch beibehalten.

Kinder essen Sprossen zwar am liebsten direkt aus dem Keimgerät, doch Sie können sie auch entsaften bzw. einem Smoothie zugeben. Eine Handvoll Sprossen in einem Obstsmoothie oder im Joghurt verändert weder Farbe noch Geschmack, der Nährwert erhöht sich aber beträchtlich. Sprossen lassen sich gut mit anderem rohen Gemüse wie Karotten, Paprika, Sellerie und Tomaten kombinieren. Garnieren Sie Ihre Suppe doch einmal mit Linsensprossen statt mit gerösteten Brotwürfeln.

Wenn Sie eines der folgenden Rezepte ausprobieren, dürfen Sie auch gern variieren. Im Rezept steht Alfalfa? Sie können auch Rotklee oder Bockshornklee nehmen. Azuki lässt sich gut durch Mungbohnen oder Zuckererbsen ersetzen. Und Sonnenblume durch Buchweizen oder Zuckererbse sowie Hirse durch Quinoa. Experimentieren Sie mit dem Geschmack verschiedener Sprossen. Vielleicht übertrifft das Ergebnis ja all Ihre Erwartungen.

Wie viel und welche Sprossen Sie ziehen, richtet sich letztlich nach Ihrem Verbrauch und Ihrem Speiseplan. Denken Sie nur stets daran, rechtzeitig eine neue Kultur anzusäen.

# SERVIER-VORSCHLÄGE FÜR SPROSSEN

Unter den Sprossenessern gibt es Puristen, die jede Form der Zubereitung ablehnen und die Sprossen so essen, wie sie aus dem Keimgerät kommen. Warum den herrlich frischen Geschmack des jungen Gemüses mit Soßen, Gewürzen und durch Garnieren überdecken? Jede Sprosse ist einzigartig in Biss und Geschmack, somit ist die kulinarische Veredelung überflüssig. Doch der eine oder andere wünscht sich zu den Sprossen noch eine geschmackliche Verfeinerung, und selbst gestandene Puristen schätzen hier und da etwas Abwechslung. Rohe Sprossen können zu einer Vielzahl von Gerichten verarbeitet werden. Lassen Sie sich durch die folgenden Rezeptvorschläge anregen und ergänzen Sie Ihre Mahlzeiten mit Sprossen für Ihre tägliche Extraportion Ballaststoffe, Vitamine und Mineralien.

KALTE SPROSSENSUPPE MIT SUPPENWÜRZE ITALIENISCH

## SUPPEN

Rohe Sprossensuppen können Sie aus den unterschiedlichsten Sprossenarten zubereiten. Je nach Mischung sind sie geeignet für mildere oder pikantere Suppen. An heißen Tagen sind rohe Sprossensuppen ein kühlender Genuss. Sie bleiben im Kühlschrank mehrere Tage lang frisch.

## KALTE SPROSSENSUPPE

Pur oder mit den Würzmischungen auf Seite 135 eine wohlschmeckende, gesunde Mahlzeit. Wandeln Sie den Geschmack mit Alfalfa, Rotklee oder Bockshornklee ab. Verwenden Sie Grünkraut von Sonnenblume, Bockshornklee oder Zuckererbse. Senf und Rettich verleihen der Suppe eine pikante Note. Garnieren Sie mit Zwiebel- oder Knoblauchsprossen.

- 3½ Tassen (175 g) gehackte Sprossen
- 1–2 Tassen (235–470 ml) Wasser
- 1 Tasse (150 g) fein gewürfelte Karotten, Tomaten, Sellerie oder frische Erbsen
- Würzmischung Ihrer Wahl (Seite 135)

Kein Kochen erforderlich. Die Zutaten einfach vermengen – fertig!

Ergibt 2 Portionen

## SUPPENWÜRZE ITALIENISCH

- Basilikum
- Majoran
- Oregano
- Rosmarin
- Thymian

Dazu italienisches Weißbrot und Olivenöl zum Dippen reichen.

## SUPPENWÜRZE ORIENTALISCH

- Tamari
- Ingwerpulver
- Knoblauchpulver
- Zwiebelpulver
- süßer oder scharfer Senf

Mit bissfesten Nudeln servieren.

## SUPPENWÜRZE MITTLERER OSTEN

- gemahlener Kümmel
- gemahlener Koriander
- Salz
- Cayennepfeffer

Mit Pittabrot und Hummus aus Kichererbsensprossen servieren.

## SUPPENWÜRZE MEXIKANISCH

- Chilipulver
- Salz
- Kümmel
- Knoblauchpulver
- Oregano
- Zwiebelpulver
- Paprika

Mit Tacos und Salsa reichen.

KALTE SPROSSENSUPPE MIT SUPPENWÜRZE MEXIKANISCH

## KALTE SUPPE VON HÜLSENFRÜCHTEN

**Linsen-, Bohnen- und Kirchererbsensprossen sind die Zutat zu dieser köstlichen rohen Suppe. Probieren Sie dazu die Würzmischungen auf Seite 135.**

3½ Tassen (125 g) Linsen-, Bohnen- und Kirchererbsensprossen

gehacktes Gemüse Ihrer Wahl

1–2 Tassen (235–470 ml) Wasser

Kein Kochen erforderlich. Die Zutaten einfach vermengen – fertig!

Ergibt 2 Portionen

KALTE SUPPE VON HÜLSENFRÜCHTEN

WARME SUPPE VON HÜLSENFRÜCHTEN

## WARME SUPPE VON HÜLSENFRÜCHTEN

**Wenn Sie die Sprossen zum Schluss ins Wasser geben, statt sie mitzukochen, bleiben Nährstoffe und Enzyme erhalten. Andererseits werden sie durch Garen leichter verdaulich. Miso ist fermentierte Sojapaste, die Sie in Naturkostläden erhalten. Manche Sorten enthalten zusätzlich Reis oder Gerste. Hellere Sorten sind bei warmem, dunklere bei kaltem Wetter zu empfehlen.**

**1 EL Miso**

**1 Tasse (235 ml) heißes Wasser (kurz vor dem Sieden)**

**¼–½ Tasse (25–50 g) Linsen-, Bohnen- und Kichererbsensprossen**

**Miso in heißem Wasser auflösen und die Sprossen zugeben.**

**Ergibt 1 Portion**

## SALATE

Sprossen können Sie entweder zum Garnieren von Blatt- oder Gemüsesalat verwenden oder pur als Sprossensalat servieren.

Bevor Sie den Salat zubereiten, sollten Sie sich aber ein paar Gedanken über das passende Dressing machen. Sie können ein fertiges Bio-Dressing verwenden oder Ihr Dressing selbst zubereiten. Eine einfache Vinaigrette mit Olivenöl, Weinessig und Salz passt wunderbar dazu. Balsamico oder auch Zitronensaft sind sehr erfrischend. Oder Sie essen Ihren Salat ohne Dressing, wenn Sie auf Geschmack pur stehen.

Garnieren Sie Ihren Salat doch mal mit Gemüsepickles. Rettich- oder Rote-Bete-Pickles verleihen Sprossensalaten eine frische Note. Olivenpaste oder sogar Sauerkraut bringen eine interessante Abwechslung.

MINI-BLATTGEMÜSE-SALAT

### MINI-BLATTGEMÜSE-SALAT

½ Tasse (25 g) Alfalfasprossen

½ Tasse (25 g) Rotkleesprossen

½ Tasse (25 g) Radieschen- oder Senfsprossen

½ Tasse (25 g) Brokkoli- oder Grünkohlsprossen

Zutaten in einer Schüssel vermengen und mit einem Dressing Ihrer Wahl abschmecken.

Ergibt 2 Portionen

BUNTER QUINOA-SALAT

## GRÜNKRAUT-SALAT

½ Tasse (25 g) gehacktes Sonnenblumen-Grünkraut

½ Tasse (25 g) gehacktes Buchweizen-Grünkraut

½ Tasse (25 g) gehacktes Zuckererbsen-Grünkraut

½ Tasse (25 g) gehacktes Azuki-Grünkraut

½ Tasse (25 g) gehacktes Mungbohnen-Grünkraut

Sprossen von Popcorn-Mais zum Garnieren

Zutaten in einer Schüssel vermengen und mit einem Dressing Ihrer Wahl abschmecken.

Ergibt 2 Portionen

## BUNTER QUINOA-SALAT

Bei einem Sprossensalat aus schwarzer, roter und weißer Quinoa isst auch das Auge mit.

1 Tasse (50 g) bunte Quinoasprossen

Sprossen in eine Schüssel geben und mit Vinaigrette abschmecken. Kleine Stückchen einer Bio-Orange oder Aprikose runden den Geschmack ab.

Ergibt 2 Portionen

LINSEN-KÖRNER-SALAT

## LINSEN-KÖRNER-SALAT

Diese Kombination von Getreide- und Hülsenfrüchte-Sprossen versorgt den Körper mit essenziellen Aminosäuren, die er nicht selbst produzieren kann.

¼ Tasse (25 g) Linsensprossen

¼ Tasse (13 g) Roggen- oder Weizensprossen (Hart- bzw. Weichweizen)

Zutaten in einer Schüssel vermengen und mit einem Dressing Ihrer Wahl abschmecken.

Ergibt 1 Portion

## BOHNENSPROSSEN-SALAT

- ¼ Tasse Mungbohnensprossen
- ¼ Tasse Azukibohnensprossen
- ¼ Tasse Puy-Linsensprossen
- ¼ Tasse Erbsensprossen
- ¼ Tasse Mini-Blattgemüse (z. B. von Alfalfa, Rotklee oder Kohl)

Zutaten in einer Schüssel vermengen und mit einem Dressing Ihrer Wahl abschmecken.

Ergibt 2 Portionen

BOHNENSPROSSEN-SALAT

## SANDWICHES UND WRAPS

**Nehmen Sie ruhig Ihren Sprossenvorrat mit zur Arbeit, zum Sport oder zu Freizeitaktivitäten. Und genießen Sie beim nächsten Picknick mal Burger oder Erdnussbutterbrot mit Sprossen. Senf- oder Rettichsprossen sorgen für eine pikante Note**

DELI DELIGHTS

## DELI DELIGHTS

**Zwei Scheiben Brot oder Wrap mit Pute, Hühnchen, Schinken oder Käse belegen, darauf frische Sprossen und einen Klecks Senf oder Mayonnaise – fertig ist ein köstliches Sandwich. Leberwurst verlangt nach Zwiebelsprossen und scharfem Senf. Pickles nicht vergessen!**

ERDNUSSBUTTER MIT SPROSSEN

## ERDNUSSBUTTER MIT SPROSSEN

**Brot oder Wrap mit Erdnussbutter bestreichen und mit Chiliflocken bestreuen. Darauf eine Lage milde Sprossen (wie Alfalfa, Rotklee oder Sonnenblume) geben, um die Schärfe des Chilis auszugleichen. Eine wahrhaft köstliche Kombination!**

## BURGER MIT SPROSSEN

**Nehmen Sie statt Salat und Tomate doch mal Grün von Sonnenblumenkernen oder Zuckererbsen. Das Grünkraut schafft einen interessanten Kontrast zum Fleisch.**

BURGER MIT SPROSSEN

BOHNENSPROSSEN-PASTE

## BOHNENSPROSSEN-PASTE

Sprossen von Hülsenfrüchten in Küchenmaschine oder Fleischwolf zerkleinern. Da die Sprossen nicht viel Wasser enthalten, müssen Sie eventuell etwas Öl oder Wasser zugeben. Brot mit der fertigen Paste bestreichen und mit Mini-Blattgemüse garnieren.

## ROHER SPROSSENHUMMUS

**Hummus schmeckt köstlich auf Brot oder in Wraps. Und mit Mini-Blattgemüse garniert ist es richtig lecker!**

- 2 Tassen (200 g) Kichererbsensprossen. (1 Tasse Kichererbsen ergibt ca. 2 Tassen Sprossen.)
- 3–5 EL (45–70 ml) Zitronensaft zum Abschmecken
- 2 EL (30 g) Tahin (Sesampaste)
- 2 zerdrückte Knoblauchzehen
- ½ TL Salz
- 2 EL (30 ml) natives Olivenöl

Zutaten in der Küchenmaschine zu einer Paste verrühren. Falls nötig, ab und zu etwas Wasser zugeben.

Ergibt 8 Portionen

ROHER SPROSSENHUMMUS

## SPROSSEN ENTSAFTEN

Beim Entsaften werden die flüssigen und festen Bestandteile von Obst bzw. Gemüse getrennt.

Zum Entsaften von Weizen- oder Gerstengras brauchen Sie einen speziellen Entsafter und für andere blättrige Sprossen können Sie einen normalen Obst- und Gemüseentsafter verwenden. Am besten lassen sich Mini-Blattgemüse und Grünkraut entsaften, die Sprossen von Hülsenfrüchten aufgrund des geringen Wassergehalts dagegen eher schlecht. Wenn Sie zu frisch gepresstem Fruchtsaft eine Handvoll Sprossen geben, verändern sich Geschmack und Farbe kaum, aber der Nährwert erhöht sich deutlich.

Entsaften ist eine gute Möglichkeit, wenn Sie gerade zu viele Sprossen haben. Entsaften Sie die Sprossen pur oder zusammen mit anderem Gemüse. Sprossen von Radieschen, Senf, Zwiebel oder Knoblauch verleihen dem Ganzen den gewissen Kick.

Eine große Vielfalt an Aromen erwartet Sie! Probieren Sie doch einmal die folgenden Kombinationen:

1 Sonnenblumen-, Rotklee- und Radieschen- oder Rettichsprossen, Karotten

2 Buchweizen-, Sellerie-, Knoblauch- oder Rotkleesprossen

3 Bockshornklee-, Alfalfa- und Senfsprossen, Gurke

4 Grünkohl- und Rotkleesprossen, rohe Zwiebel oder Zwiebelsprossen, reifer Grünkohl

5 Kohl- und Rotkleesprossen, Karotte

## SPROSSEN MIXEN

Mit einem Mixer können Sie alle Inhaltsstoffe der Sprossen einschließlich der Ballaststoffe verwerten. Dabei immer erst Wasser und dann die Sprossen in den Mixer geben. Durch das Mixen werden die unverdaulichen Zellwände aufgebrochen. Für alle Menschen mit Verdauungsproblemen ist dies eine gute Möglichkeit, trotzdem in den Genuss der wertvollen Inhaltsstoffe zu kommen.

Probieren Sie auch die folgenden Kombinationen:

1 Radieschen- und Rotkleesprossen, Tomate, Avocado

2 Erbsen- und Alfalfasprossen, Karotte, Ingwer

3 Obst (Apfel, Birne, Pfirsich) und eine Handvoll Alfalfa- oder Rotkleesprossen. Die Sprossen verändern den Geschmack der Früchte nicht, bringen aber viele zusätzliche Nährstoffe.

4 Grünkohl- und Radieschensprossen, Gurke

5 Sonnenblumen-, Rettich- und Rotkleesprossen, Sellerie

## SPROSSEN DÖRREN

Dörren entzieht den Sprossen Wasser und macht sie dadurch haltbar. Ganz nebenbei werden sie auch noch knusprig. Zum Dörren können Sie entweder einen Dörrautomaten oder Ihren Backofen verwenden. Das Dörren im Automaten ist aufgrund der besseren Luftumwälzung effizienter, doch um herauszufinden, ob Sie gedörrte Sprossen überhaupt mögen, reicht der Backofen aus. Durch Dörren können Sie würzige, knusprige Snacks herstellen, die bei jedem geselligen Beisammensein gern geknabbert werden. Der Nährstoffverlust beim Dörren ist gering, und getrocknete Sprossen bringen mehr Abwechslung in die Sprossenküche.

Getreide wird eingeweicht, gekeimt und getrocknet zu einer gesunden Alternative der üblichen Frühstücksflocken. Sie können die gedörrten Sprossen auch mahlen und weiterverarbeiten.

Getrocknete und gewürzte Sprossen von Hülsenfrüchten sind eine wahre Ersatzdroge für Kartoffelchips.

Dörren Sie Sprossen im Backofen auf niedrigster Stufe, nachdem Sie sie gleichmäßig auf einem Backblech verteilt haben. Legen Sie das Blech aber zuvor mit Backpapier aus, damit die Sprossen nicht ankleben. Wenden Sie sie von Zeit zu Zeit, damit sie gleichmäßig trocknen. Das Ganze kann zwischen 4 und 8 Stunden dauern, manchmal auch noch länger. Die Dörrsprossen sind fertig, wenn sie schön knusprig sind. Zwischendurch immer wieder mal probieren!

## SPROSSEN-SNACKS

Genießen Sie doch mal Sprossen als Knabberei anstelle von Chips, Brezeln oder Süßigkeiten, wenn Sie vor dem Computer sitzen oder es sich in Ihrem Lieblingssessel vor dem Fernseher bequem gemacht haben. Einfache Sprossen frisch aus dem Sprossenglas. Markerbsen sind knackig, mild und süß. Sie sind das I-Tüpfelchen im Sprossenuniversum und können ohne weitere Zubereitung genascht werden. Und es geht nichts über eine Handvoll Mini-Blattgemüse, nebenbei vor dem Computer geknabbert, und schon fühlt man sich nach getaner Arbeit frisch und energiegeladen – statt träge und schwer nach dem Genuss von industriell hergestellten Snacks.

# KEIMTABELLE

In diesem kleinen tabellarischen Sprossenführer sind die wichtigsten Grundlagen der erfolgreichen Sprossenzucht übersichtlich zusammengefasst. Hier ein paar allgemeine Tipps, die für alle Sprossen gelten:

1. Alle Gewichtsangaben sind nur Annäherungswerte. Die tatsächlichen Mengen können abweichen.
2. Sprossen reifen bei kühleren Temperaturen langsamer, bei wärmeren aber schneller.
3. Der Keimprozess setzt bei Temperaturen von über 18 °C ein.
4. Samen am besten unter 16 °C lagern. Ein Kühlschrank ist dafür gut geeignet.
5. Fertige Sprossen können in einem luftdicht verschließbaren Behälter etwa eine Woche lang im Kühlschrank aufbewahrt werden. Regelmäßig wässern und abgießen, damit sie nicht vertrocknen.

| | TROCKENMASS | ERGIBT | WIE EINWEICHEN? | WIE LANGE EINWEICHEN? |
|---|---|---|---|---|
| **FRÜHSTÜCKSGETREIDE** | | | | |
| Buchweizengrütze | 1/2 Tasse (100 g) | 3/4 Tasse (120 g) | In ein mit Wasser gefülltes Glas oder eine Schüssel. | 8 - 10 Stunden über Nacht. Bis zu 24 Stunden möglich, nach 12 Stunden Wasser wechseln. |
| Nackthafer | 1/2 Tasse (40 g) | 1 Tasse (100 g) | | |
| Gerste, geschält | 1/2 Tasse (100 g) | 3/4 Tasse (120 g) | | |
| **KLEINE SAMEN** | | | | |
| Amarant | 1/2 Tasse (85 g) | 3/4 Tasse (140 g) | In ein mit Wasser gefülltes Glas oder eine Schüssel. | 4-6 Stunden |
| Hirse | 1/2 Tasse (85 g) | 3/4 Tasse (140 g) | | |
| Quinoa | 1/2 Tasse (85 g) | 3/4 Tasse (140 g) | | |
| **SAMEN VON MINI-BLATTGEMÜSE** | | | | |
| Alfalfa | 1/4 Tasse (25 g) | 8 Tassen (400 g) | In ein mit Wasser gefülltes Glas oder eine Schüssel. | 8-10 Stunden über Nacht. Bis zu 24 Stunden möglich, nach 12 Stunden Wasser wechseln. |
| Brokkoli | | | | |
| Kohl | | | | |
| Rotklee | | | | |
| Bockshornklee | | | | |
| Senf | | | | |
| Rettich od. Radieschen | | | | |
| Grünkohl | | | | |
| Dill | | | | |
| Fenchel | | | | |
| Zwiebel | | | | |
| Knoblauch | | | | |
| **GRÜNKRAUT** | | | | |
| keimfähige Sonnenblumesamen mit Schale | 500 g | 1000 g | In ein mit Wasser gefülltes Glas oder eine Schüssel. | 8-10 Stunden über Nacht. Bis zu 24 Stunden möglich, nach 12 Stunden Wasser wechseln. |
| keimfähiger Vollbuchweizen | | | | |
| Zuckererbse | | | | |
| Popcorn-Mais | | | | |

| GEEIGNETE KEIMMETHODE | VERZEHRFERTIG NACH | WÄSSERN | BILDUNG VON BLATTGRÜN NÖTIG? | ANMERKUNGEN |
|---|---|---|---|---|
| | | | | |
| Einweichgefäß (Glas oder Schüssel) | 8 - 10 Stunden | Vor dem Verzehr gut abtropfen lassen. | nein | Da die Samen geschält sind, entwickeln sich keine Sprossen. Trotzdem lebendige Nahrung. Verwendung: Frühstücksgetreide, als Boden für Kuchen und Pasteten. |
| | | | | |
| Einweichgefäß (Glas oder Schüssel) | 1-2 Tage | 2 x täglich, gut abtropfen lassen. | nein | Die kleinen Samen dürfen nicht zu lange eingeweicht werden, da sie sonst platzen. Nicht immer ist der Keimling zu sehen, die Sprossen können aber trotzdem verzehrt werden. |
| | | | | |
| Sprossenglas, *Easy Sprouter*, Keimschale, Terrakotta-Keimgerät, *EasyGreen* Keimautomat | 5-7 Tage | 2 x täglich, gut abtropfen lassen. | ja | Diese kleinen, schmackhaften Pflänzchen sind reich an Nährstoffen. Im Licht bildet sich schon nach wenigen Stunden Blattgrün. |
| | 8-10 Tage | | | |
| | 8-10 Tage | | | |
| | 10-14 Tage | | | |
| | 10-14 Tage | | | |
| | | | | |
| Keimschale, Pflanzschale, Terrakotta-Keimgerät, *EasyGreen* Keimautomat | 8 -10 Tage | 2 x täglich, gut abtropfen lassen. | ja | Da diese Sprossen sehr groß werden, empfiehlt sich die Verwendung von Schalen. Nach wenigen Stunden im Licht bildet sich Blattgrün. Gut als Ersatz für Blattsalat geeignet. |
| | | | nein | Popcorn-Maissprossen müssen im Dunkeln gezogen werden, damit sie süß bleiben. |

| | TROCKENMASS | ERGIBT | WIE EINWEICHEN? | WIE LANGE EINWEICHEN? |
|---|---|---|---|---|
| **HÜLSENFRÜCHTE** | | | | |
| Erbse<br>Markerbse<br>Linse<br>Mungbohne<br>Azuki<br>Kichererbse<br>Soja | 1 Tasse (100 g) | 1 1/2 - 2 Tassen (75 to 100 g) | In ein mit Wasser gefülltes Glas oder eine Schüssel. | 8–10 Stunden oder über Nacht. Bis zu 24 Stunden möglich, nach 12 Stunden Wasser wechseln. |
| **GRÄSER** | | | | |
| Vollgerste<br>Hartweizen<br>Vollhafer | 2 Tassen (200 g) | 180–235 ml Saft | In ein mit Wasser gefülltes Glas oder eine Schüssel. | 8–10 Stunden oder über Nacht. Bis zu 24 Stunden möglich, nach 12 Stunden Wasser wechseln. |
| **SCHLEIM BILDENDE SAMEN** | | | | |
| Rucola<br>Kresse<br>Leinsamen<br>Chiasamen<br>Flohsamen | 1/4 Tasse (25 g) | 8 Tassen (400 g) | Müssen nicht eingeweicht werden. | Müssen nicht eingeweicht werden. |
| **ESSBARE SAMEN** | | | | |
| Kürbiskerne | 1/2 Tasse (75 g) | 1/2 Tasse (75 g) | In ein mit Wasser gefülltes Glas oder eine Schüssel. | 4–6 Stunden |
| Sonnenblumenkerne | 1/2 Tasse (75 g) | 1 Tasse (150 g) | | |
| Sesam, ungeschält | 1/2 Tasse (75 g) | 1 Tasse (150 g) | | |
| Sesam, geschält | 1/2 Tasse (75 g) | 1/2 Tasse (75 g) | | |
| **VOLLWERTGETREIDE** | | | | |
| Reis<br>Roggen<br>Hartweizen<br>Weichweizen<br>Triticale | 1/2 Tasse (90 g) | 1 Tasse (180 g) | In ein mit Wasser gefülltes Glas oder eine Schüssel. | 8–10 Stunden oder über Nacht. Bis zu 24 Stunden möglich, nach 12 Stunden Wasser wechseln. |

| GEEIGNETE KEIMMETHODE | VERZEHRFERTIG NACH | WÄSSERN | BILDUNG VON BLATTGRÜN NÖTIG? | ANMERKUNGEN |
|---|---|---|---|---|
| Sprossenglas, *Easy Sprouter*, Keimschale, Terrakotta-Keimgerät, *EasyGreen* Keimautomat | 1–2 Tage | 2 x täglich, gut abtropfen lassen. | nein | Schnell reif, daher gut für den täglichen Verzehr geeignet. |
| Pflanzschale, Keimschale, Terrakotta-Keimgerät, *EasyGreen* Keimautomat | 8–10 Tage | 2 x täglich, gut abtropfen lassen. | ja | Geringe Saftausbeute, doch das wertvolle Chlorophyll ist den Aufwand wert. Gräser können auch in feuchter Erde gezogen werden. |
| Gefäß mit Erde; Terrakotta-Keimgerät oder Keimschale mit Vlies | 5–7 Tage | Erde: feucht halten. Vlies: 2x täglich, gut abtropfen lassen. | ja | Wenn man mit diesen Samen umzugehen weiß, sind sie pflegeleicht zu handhaben. |
| Einweichgefäß (Glas oder Schüssel | 1–2 Tage | Vor dem Verzehr, gut abtropfen lassen. | nein | Knackige Eiweißlieferanten, die zu jeder Mahlzeit passen. |
| Sprossenglas, *Easy Sprouter*, Keimschale, Terrakotta-Keimgerät, *EasyGreen* Keimautomat | 1–2 Tage | 2 x täglich, gut abtropfen lassen. | nein | Sprossen von Getreide sind eine süß schmeckende Ergänzung zu Salaten und Pfannengerichten. |

# BEZUGSQUELLEN, LITERATUR & WEBSITES

## KEIMSAATEN, BIO-SAATGUT, KEIMFÄHIGE SAMEN, KÖRNER

Von einigen der in diesem Buch vorgestellten Sprossen werden im Handel keine speziellen Keimsaaten angeboten. Stattdessen können Sie keimfähiges Bio-Saatgut aus kontrolliert ökologischem Anbau verwenden. Das Saatgut sollte ausschließlich mit organischen Düngemitteln behandelt worden sein, ohne den Einsatz von chemischen Pflanzenschutzmitteln sowie von Gen- und Biotechnologie.

Für Ihre Sprossenzucht können Sie aber auch unbehandelte, keimfähige Samen und Körner in Bio-Qualität nehmen, die Sie in Naturkostläden oder Online-Shops erhalten. Für die Sprossengärtnerei geeignete Samen und Körner werden beispielsweise von folgenden Herstellern angeboten: A. Vogel, Baukhof, Bingenheimer Saatgut, Bio-Saatgut, Bohlsener Mühle, Davert, De Bolster, Deiters, Eschenfelder, Germline, Keimling, Kiepenkerl, Rapunzel, Saatzucht Bardowick, Sonnentor, Topfruits.

## KEIMGERÄTE UND ZUBEHÖR

*www.biogartenversand.de*
Zimmergewächshäuser, Pflanzschalen, Heizmatten und Bioerde

*www.emiko.de*
EM1 – Effektive Mikroorganismen

*www.eschenfelder.de*
Keimgläser, Keimkisten, Kressesiebe

*www.getreidemuehlen.de*
Keimschalen und -geräte aus Ton (hawos Tonkeimer)

*www.keimling.de*
Keimsaaten, Getreidegräser und Entsafter

*www.pureraw.de*
Nussmilchbeutel (für die Sprossenzucht geeignet)

*www.superfoodforyou.de*
*Easy Sprouter* Keimgerät, Nussmilchbeutel (für die Sprossenzucht geeignet)

*www.avogel.de*
Keimgeräte und Keimvlies

*www.sprossen-garten.de*
Hier finden Sie alles rund um Keimgeräte, Saatgut und viele Praxistipps.

## BÜCHER


Boutenko, Victoria: *Grüne Smoothies: lecker, gesund und schnell zubereitet.* Hans-Nietsch-Verlag, Emmendingen 2010

Clement, Brian Dr.: *WunderLebensMittel.* Hans-Nietsch-Verlag, Emmendingen 2012

Cousens, Gabriel: *Die Kunst der Zubereitung lebendiger Nahrung.* Hans-Nietsch-Verlag, Emmendingen 2012

Cupillard, Valérie: *Keime und Sprossen: Köstliche Kraftpakete für die Küche.* Hädecke Verlag, Weil der Stadt 2011

Hill, Fionna: *Kraftquelle Keimpflanzen. Selbst gezogen – köstlich zubereitet.* Leopold Stocker Verlag, Graz/Österreich 2010

Kirk, Mimi: *Rohköstlich leben. Eine praktische Einführung in die Rohkost-Küche mit 120 leckeren Rezepten für Gesundheit und zeitlose Schönheit.* Hans-Nietsch-Verlag, Emmendingen 2012

Nöcker, Rose-Marie: *Das große Buch der Sprossen und Keime. Mit vielen Rezepten.* Heyne Verlag, München 1992

Schmid, Rainer O.: *Weizengrassaft. Medizin für ein neues Zeitalter.* Verlag Ernährung und Gesundheit, München 1997

Simonsohn, Barbara: *Gerstengrassaft. Verjüngungselixier und naturgesunder Power-Drink.* 15. Auflage. Windpferd, Oberstdorf 2012

Wigmore, Ann: *Schlank, fit und gesund mit Weizengras.* Moderne Verlagsgesellschaft, München 1998 (vergriffen)

Wignall, Judita: *Going Raw. Wie Sie Ihre Ernährung erfolgreich auf Rohkost umstellen und damit Ihr Leben bereichern.* Mit DVD. Hans-Nietsch-Verlag, Emmendingen 2012


## WEBSITES

*www.grünesmoothies.de*
Informatives rund um das Thema Sprossenzucht

*www.sprossen-keimlinge.de*
Alles Wissenswerte über grüne Smoothies, zahlreiche Rezepte sowie Infos über Veranstaltungen und Messen, mit Online-Shop

*www.sprouthouse.com (englisch)*
Der Online-Shop von Rita Galchus

*www.sproutpeople.com (englisch)*
Praktische Anleitungen zur Sprossengärtnerei. Mit Videos und Bildern.

# DANK

Selbst wenn der Autor einsam vor seinem Computer sitzt und versucht, den Bildschirm mit Zeichen zu füllen, so arbeitet er doch nicht im luftleeren Raum. Meine Familie stand mir während der Arbeit an diesem Buch stets hilfreich zur Seite und machte mir Mut. Ein dickes Dankeschön an meinen Mann Paul, der vor Begeisterung mindestens ebenso aus dem Häuschen war wie ich, und an meinen Sohn Matthew, der immer wieder aufmunternde Worte fand. Ich danke auch meinen Eltern für ihre Liebe und ihre Anteilnahme an der Entstehung des Buches. Herzlichen Dank an meine Brüder John und Mark mit Familie. Ich weiß, wie sehr ihr euch für mich gefreut habt.

Mein besonderer Dank geht an Tiffany Hill von *Quarry Books*, die mich anrief und fragte, ob ich nicht Lust hätte, ein Buch über die Sprossengärtnerei zu schreiben. Sie hat wohl kaum geahnt, dass sie damit Hebamme bei der Verwirklichung eines lebenslang gehegten Traums spielte. Danke auch an Renae Haines, die das Buch lektoriert und viele gute Marketingideen beigetragen hat.

Danke an meine Artdirektorin Regina Grenier, deren Blick fürs Detail die stille Pracht der Sprossen erst ins rechte Licht rückte. Unermüdlich und akribisch arrangierte sie live aus der Toskana Fotos zu aussagekräftigen Bildstrecken. Ein wahres Füllhorn!

*Quarry Books* stellte mir ein komplettes Team zur Seite, das an der Realisierung dieses Buches mitwirkte. Manche Teammitglieder habe ich nie zu Gesicht bekommen. Danke euch allen!

Und danke, danke an Thea Conklin für die wunderbaren Fotos. Jede Aufnahme ist ein Kunstwerk. Mit ihrer Kamera hat sie den Zauber eingefangen und sichtbar gemacht, den diese kleinen Samen und Sprossen auf mich ausüben.

Alles Liebe für meine Freunde Susan und Bernie Bolitzer, die uns ihr Haus für unsere Fotosession zur Verfügung gestellt haben.

Danke an das Team von *THE DAM – Café & Deli* in Saugerties, New York, das uns während dieser dreitägigen Fotosession mit Essen versorgt hat, das Augenweide und Gaumenschmaus zugleich war.

Zu großem Dank verpflichtet bin ich auch dem *Writers' Club* an der *Saugerties Public Library*, wo ich mich gemeinsam mit Freunden dem Schreiben widmen konnte. Mein herzlichster Dank gilt meinem großartigen Freund Frank Finley, einem wahren Schriftsteller, der mir all die Jahre über immer wieder Mut zum Schreiben gemacht hat. Mit euch an meiner Seite habe ich mich nie allein gefühlt.

Doch mein größter Dank gilt all meinen Kunden. Dieses Buch ist die Frucht jener Fragen, die sie mir im Laufe der Jahre immer wieder gestellt haben. In Wort und Bild sind nun meine Antworten in diesem Buch versammelt. Doch nun wird es Zeit, die Samen aus dem Schrank zu holen und einzuweichen. Mögen die Sprossen mit Wonne spießen!

# ÜBER DIE AUTORIN

Rita Galchus, Eigentümerin des Sprout House und besser bekannt unter dem Namen *Sprout Lady Rita*, ist verheiratet und hat einen Sohn. Neben der Sprossengärtnerei gilt ihre Leidenschaft dem Lesen. Sie genießt es, spazieren zu gehen, Urlaub am Strand zu machen und Zeit mit ihrer Familie und ihren Freunden zu verbringen.

# LITERATURTIPPS